畫出璀璨 列印夢想
從3D列印
輕鬆動手玩創意

使用 Tinkercad、123D Design、Paint.NET 繪圖軟體

郭永志・張夫美・黃昱睿・黃秋錦 編著

▶ 範例說明

　　為方便讀者可參考書中第四章的 18 個成品檔，本書提供相關檔案，請至本公司 MOSME 行動學習一點通網站（ http://www.mosme.net ），於首頁的關鍵字欄輸入本書相關字（例：書號、書名、作者），進行書籍搜尋，尋得該書後即可於【學習資源】頁籤下載程式範例檔案使用。

▶ 版權說明

　　本書提及之各註冊商標，分屬各註冊公司所有，不再一一說明，書中提及之共享軟體或公用軟體，其著作權皆屬原開發廠商或著作人，請於安裝後詳細閱讀各工具的授權和使用說明。如果在使用過程中，因軟體所造成的任何損失，與本書作者和出版商無關。

推薦序

　　「科技始終來自於人性」是一句經典的廣告名言，但科技卻始終來自於創意，這也是一項不可抹滅的事實。

　　英國的教育課程中，即規定五歲小孩就要開始學習編程與 3D 課程，其目的就是要培養學生的科技與創造力。而創造力大師基爾福特研究指出，孩子的創造力可能與生就俱來，但是也可以藉由後天培養的。如果可以結合課程與教學、設備運用與操作，便能將孩子豐富的創造力、想像力加以具體實現。

　　本書作者根據任教小學多年經驗，對課程與教學十分熟稔，希望能藉由創意課程的活化設計，導入一些深具啟發性、創造性、生動性、趣味性的創意實品，藉由創意性教學，讓學生從做中學，實際操作設備加深學習印象，尤其透過啟發式引導，讓學生可以由發散思考到聚斂思考，發揮想像力，並將自己的創意列印出來，使學生可以從中獲得學習成就感，激發學生勇於想像、勤於思考、樂於創意的學習動力。

　　台灣翻轉教育方興未艾，正好搭上 3D 設計及 3D 列印的創意熱潮下，教師也必須從是「教學者」轉為「學習者」，這一切都正在改變中。隨著科技日新月異，教師不僅是學生學習的引導者，也是新型科技技術的吸收者。3D 設計及 3D 列印技術的應用於教育，為老師的「教」與學生的「學」，提供了創思、智慧與科技相融合最佳路徑。

　　21 世紀是創意的時代，因此如何透過創意教學，鼓勵學生從做中學，培養學生創造力，是身為現代教師刻不容緩的責任。本書的發行，相信必能幫助教師活化教學、翻轉教室、激發學生學習動機、培養學生想像力及創造力，以強化學生未來的競爭力！

臺北市立大直高中退休校長
黃文振

序言 Preface

　　人工智慧崛起，培育未來人才，需要創新與大膽想像。台灣近年掀起教育現場翻轉風潮，只要能讓孩子有機會自學、思考、表達、發揮創造力，都是孕育「翻轉精神」的種子，3D 列印與翻轉教育結合正可以讓孩子因為「玩中做與學」而提高主動學習意願，但目前多數的 3D 列印教學書籍多以技術教學為主，著重硬體設備建構，較忽略如何將 3D 列印連結創意的思考與創作。而未能善用創意，3D 列印將只是一台創新科技應用的工具 (Tool)，所以，軟實力才是亟需培養的競爭力。

　　本書內容正是為 3D 列印融入各領域教學做準備，繪製設計與個人創意展現的敲門磚，首先由 2D 繪圖工具 Paint.NET 開始，個性化的小物繪製，到擠出（加上高度）形成 3D 圖形，再做 3D 列印，即可擁有獨一無二的作品，是多麼容易上手。有了 2D 列印基礎，接著再用 3D 免費繪圖軟體 Tinkercad 及 Autodesk 123D Design，建構創意模型就不難了。最後再搭配 3D 數位掃描器應用，也可不用繪圖，就可 3D 列印了。

　　感謝昱睿老師與秋錦老師參與 3D 列印的課程設計與教學實務，協助驗證課程。也感謝創志科技顧問公司所有同仁，在 3D 列印技術方面全力支援，更感謝台科大圖書公司大力協助，讓畫出璀燦‧列印夢想－從 3D 列印輕鬆動手玩創意一書得以將 3D 列印經驗分享給讀者。

　　走入翻轉教育目的在於幫助每個孩子找到屬於自己的成功！同樣地，學會 3D 列印也能為每一個想要學習動手做的人帶來充滿創意的未來。

張夫美

目錄

1　3D 列印概述

1-1　3D 列印知多少　　　　　　　　　　　　　2

1-2　3D 列表機常見機種　　　　　　　　　　　3

1-3　3D 列印常用材料　　　　　　　　　　　　3

1-4　3D 列印常用軟體　　　　　　　　　　　　4

2　3D 列印常用軟體基本介面與操作簡介

2-1　Paint.NET 繪圖軟體介紹　　　　　　　　10

2-2　Tinkercad 基本操作說明　　　　　　　　11

2-3　Autodesk 123D 功能簡介　　　　　　　　14

2-4　Cura 繪圖軟體介紹　　　　　　　　　　17

3　3D 列印機器操作常見故障與排除

3-1　線材進料　　　　　　　　　　　　　　　22

3-2　列印檔案　　　　　　　　　　　　　　　24

3-3　線材卸除　　　　　　　　　　　　　　　25

3-4　3D 列印機器常見故障與排除（硬體）　　26

CONTENT

18 週 3D 列印課

 4-1 專屬吊牌　34
（Paint.NET）

 4-10 山盟海誓的戒指　96
（Tinkercad）

 4-2 有設計感的咖啡棒　42
（Paint.NET）

 4-11 娃娃屋鍋子　102
（Tinkercad）

 4-3 獨一無二的項鍊　46
（Paint.NET）

 4-12 玩印章　106
（Tinkercad）

 4-4 有 feel 的書籤　54
（Paint.NET）

 4-13 小玩偶 - 金魚　110
（Tinkercad）

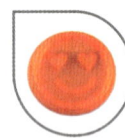 4-5 手作壓模　60
（Paint.NET）

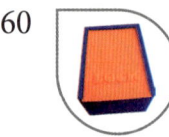 4-14 客製化置物盒　118
（123D Design）

 4-6 3D 藝術照　65
（Paint.NET）

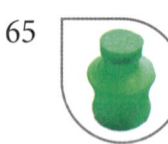 4-15 曲線瓶　125
（123D Design）

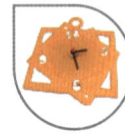 4-7 未來感時鐘　73
（Paint.NET）

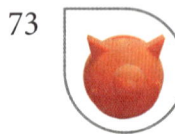 4-16 獨特存錢筒　131
（123D Design）

 4-8 動物拼圖　82
（Paint.NET）

 4-17 螺絲與螺帽　142
（123D Design）

 4-9 應景 3D 卡片　88
（Paint.NET）

 4-18 3D 掃描 - 迷你世界　154
（Sense Objects）

 164

Chapter 1

3D 列印概述

本章節次

1-1　3D 列印知多少

1-2　3D 列表機常見機種

1-3　3D 列印常用材料

1-4　3D 列印常用軟體

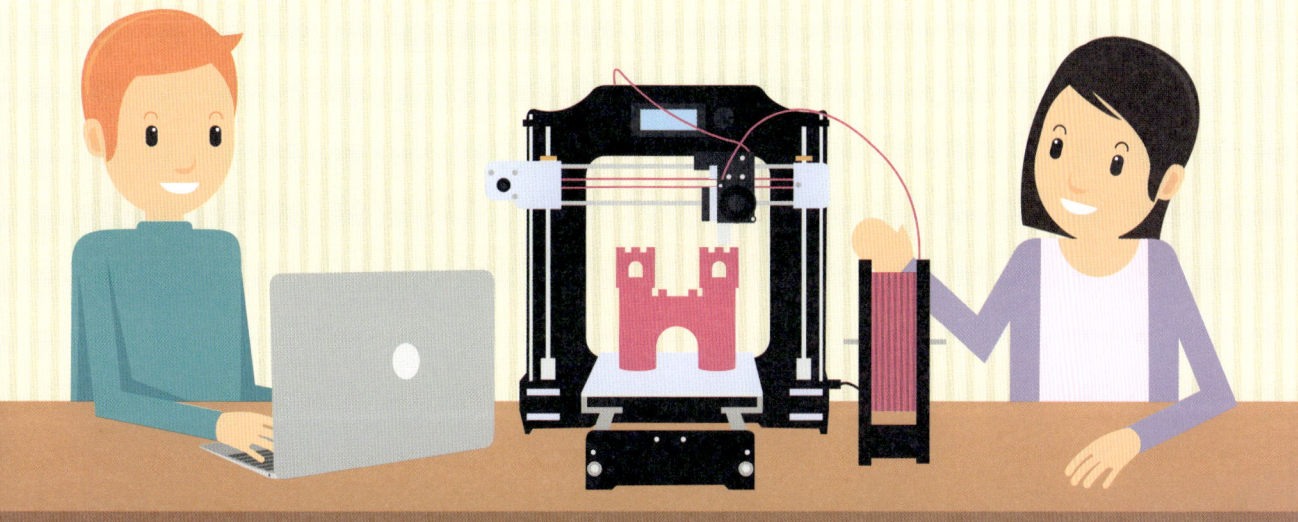

畫出璀璨・列印夢想—從 3D 列印輕鬆動手玩創意

1-1 | 3D 列印知多少？

3D列印（3D printing）是一種快速成形技術：

> 運用 3D 立體設計或 2D 平面設計圖的輔助下

> 透過各式材質，經由逐層列印堆疊的方式來建構物體

> 再傳送到 3D 印表機，最後印出立體成品

3D 列印流程

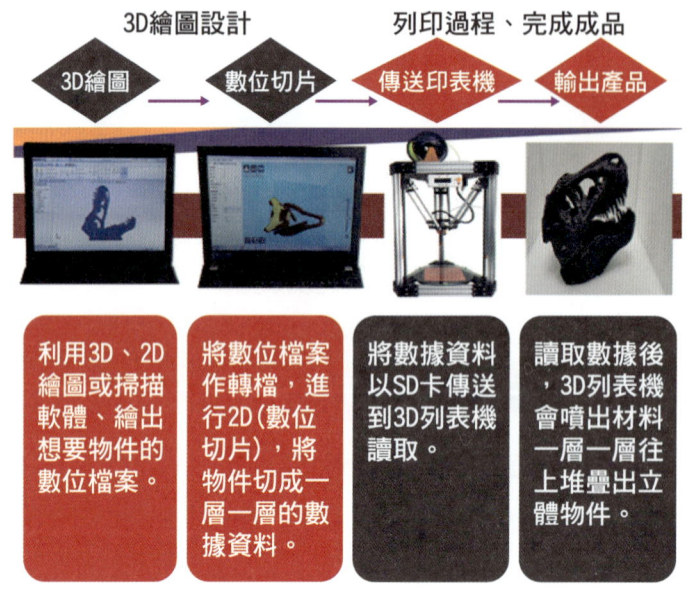

　　3D列印技術可以實現個性化生產，製造出傳統技術無法製造的外形，也可以避免委外加工數據外洩的風險。適合新產品的開發和單件小批量零件的生產，擁有別於傳統的優勢，使得3D列印成為被稱為第三次工業革命，目前已在工業設計、模型製造、建築、航空、汽車、珠寶、服飾、鞋類、食品、醫療、教育、軍事、文創藝術、樂器等諸多領域都廣泛的應用。

3D 列印基本概念

 1-2 3D 列表機常見機種

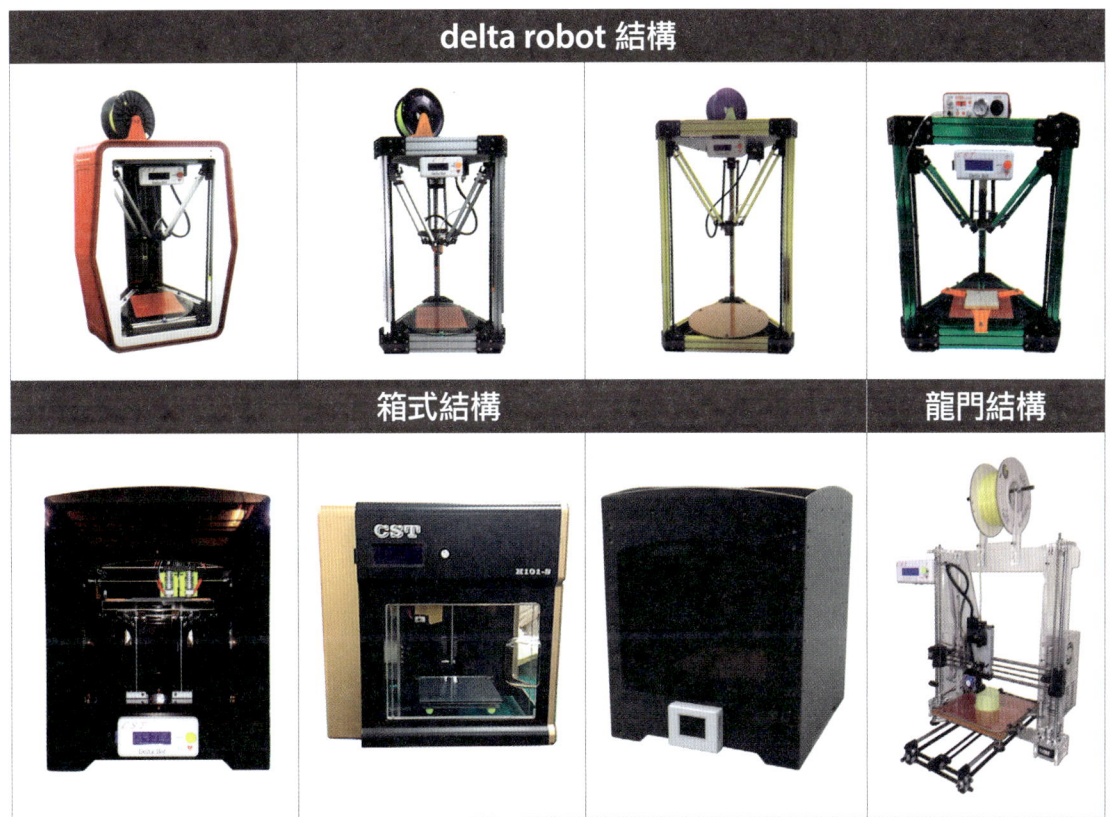

 1-3 3D 列印常用材料

塑膠

1. ABS（Acrylonitrile Butadiene Styrene，丙烯腈-丁二烯-苯乙烯共聚物）塑料，是由石油提煉出的化合物，具有高強度、韌性佳，且易於加工的熱塑性高分子材料，列印溫度約在230°，列印時會釋放味道且有輕微毒性的氣體，因此列印環境必須空氣流通，ABS沒有抗UV，陽光照射會使得它縮小，成品也不適合過度日曬，故可以用黏著劑修補斷裂成品。但具柔軟性，承受壓力不易折斷。

畫出璀璨‧列印夢想－從 3D 列印輕鬆動手玩創意

2. PLA（Polylactic Acid，聚乳酸纖維）是由玉米澱粉和甘蔗衍生物混合而製成的環保材質，於自然界中可生物分解。PLA材質列印溫度約在190℃左右，可以很穩定的列印並有微甜味且無毒性物質釋放，比ABS塑料稍微脆弱些，但具抗UV性。

3. TPU（Thermoplastic Polyurethane，氨基甲酸酯基團的聚合物）TPU是一種環保材質，不含可塑劑，有較佳的物理性質（耐撕裂強度、高耐磨性、韌性）、具有抗水解和抗菌的效果。且耐寒及耐曲折性能優越、有阻燃和耐油特性。由於加工特性佳，兼具橡膠和塑膠寶貴特性，應用範圍十分廣泛。TPU熱可塑性聚氨酯彈性體易吸濕於空氣中的水氣，所以存放時應保持乾燥。

 1-4 3D 列印常用軟體

2D 繪圖軟體

1. 小畫家（paintbrush）是最基本的圖像處理軟體，簡單易學、容易上手。但僅有最基本的繪圖，無法處理較複雜的影像，很多效果也做不到。

2. Paint.NET具類專業水準的影像處理軟體，舉凡圖層的處理、濾鏡效果、圖片特效、圖片裁切……等多種功能。是 Adobe PhotoShop 的精簡版本。但 Adobe PhotoShop 是商業軟體，而Paint.NET則是開放原始碼的免費軟體。

3. PhotoCap是數位照片的最佳幫手，也是100%免費的軟體，具專業影像軟體必備的選取、影像功能、濾鏡、圖層，也可以與添加文字、小圖案、外框、對話框等，是功能完善又簡單好用的軟體。

4. Adobe Photoshop 在目前市場上算是最普遍被使用的影像處理軟體，它之所以這麼受到設計者的青睞，在於它具有完備且功能強大的工具指令；不論是影像的編修處理或是繪製合成，它都有細分的各種工具及相關的數值設定面板，讓使用者可以做到最精準的調整。

5. Inkscape 是一款專業水準的向量繪圖軟體！它可以拉出貝茲曲線、建立各種立體物件，在向量圖檔上進行繪圖與著色，也有豐富的文字設計工具。免費、開源且跨平台的自由軟體，Inkscape可以補足前幾款軟體在向量繪圖功能上的不足。

🎁 3D 繪圖軟體

五大最受歡迎的免費 3D 設計軟體：

1. Blender
   Blender是高效能、很全面的3D繪圖，可以運行於不同的平台，是網格建模，不是通過參數建模的。界面頗複雜，功能選擇很多，是進階建模軟體。

2. 123D Design
   123D Design是專為3D列印初學者開發的建模軟體，免費、操作簡易、建模功能類似專業的建模軟體。有簡單的3D立體圖形可運用，立體圖形加上某些功能拼湊和編輯成複雜形狀，操作簡單，但進階功能則需要付費。

3. SketchUp
   SketchUp擁有大量免費的3D模型庫。有簡易的建模指令和操作介面，適合初學者學習3D建模的概念。免費版本不能將3D檔案轉換成.stl 格式。

4. TinkerCAD

    TinkerCAD專門給初學者使用的免費雲端3D設計軟體，是一款線上網頁版3D建模平臺，簡單、易用，可以在幾分鐘內完成3D模型設計，下載後做列印用途。操作非常簡單，很容易上手，但功能選擇上不多也比較單調。

5. Sculptris

    Sculptris是一款小巧的三維數位雕刻軟體，利用揉捏軟土的方式建模，一切變形都可以隨手畫上去，操作介面不太複雜，比較容易上手，但如果要雕刻一些精緻的3D模型的話，需要更多的技巧，整體而言是一款中階的3D設計軟體。

3D 模型網站

1. Thingiverse

    是全球最大的3D列印資源網站，收藏世界3D列印玩家的創作作品，內容包羅萬象，只要透過下載就能與玩家一起學習，且陸續增加中。

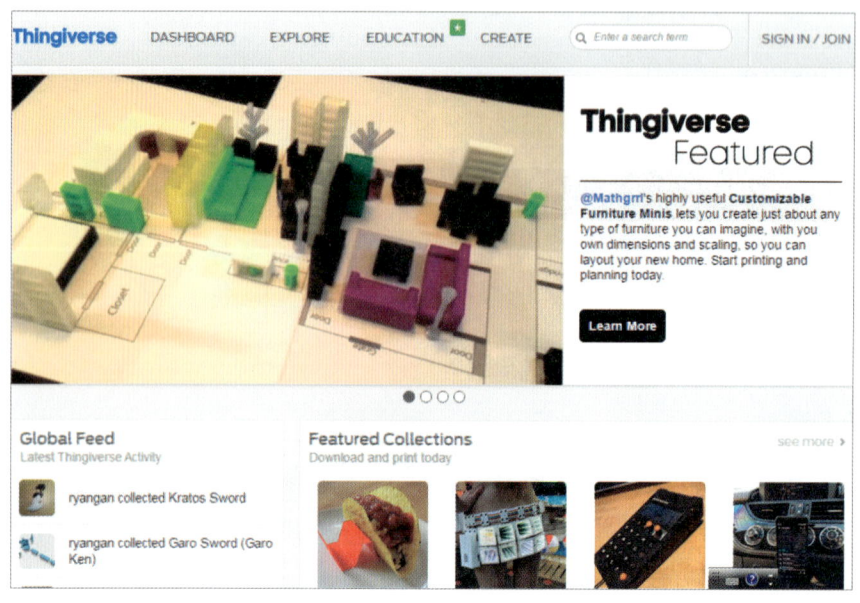

2. My Minifactory

分享的3D列印模型，有免費的，也有付費的，有審查機制，所以分享的模型大部分都非常有特色且精緻。特點是所有下載的3D模型都是經過測試，保證可以列印出來。

3. Cgtrader

擁有免費和付費的3D模型下載，此網站有許多3D設計師在此販售模型，是一個老牌的3D模型庫，作品較具質感。

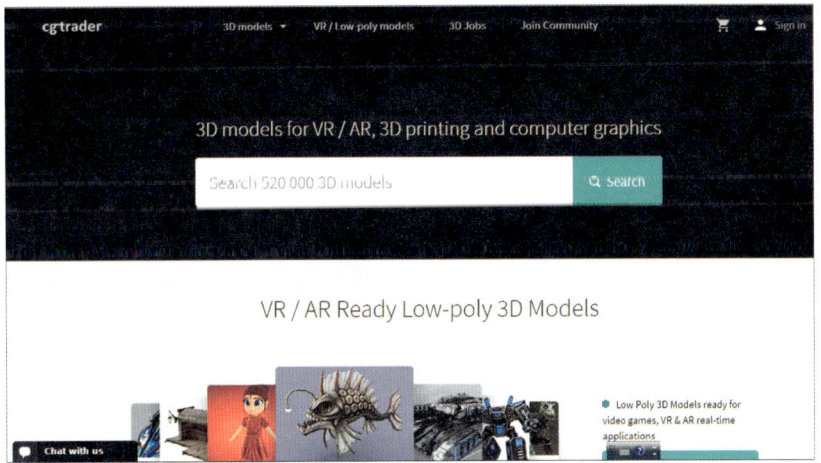

4. Youmagine

免費線上模型庫,模型非常優質,有許多專業上色的作品,及令人意外的新奇造型,且源源不斷,對進階學習者極具參考價值。

5. Autodesk 123D

是由Autodesk所創立,是以3D列印模型製作軟體為主,而這些軟體製作出來的模型,也被放在官網上分享,數量很多,作品包羅萬象。

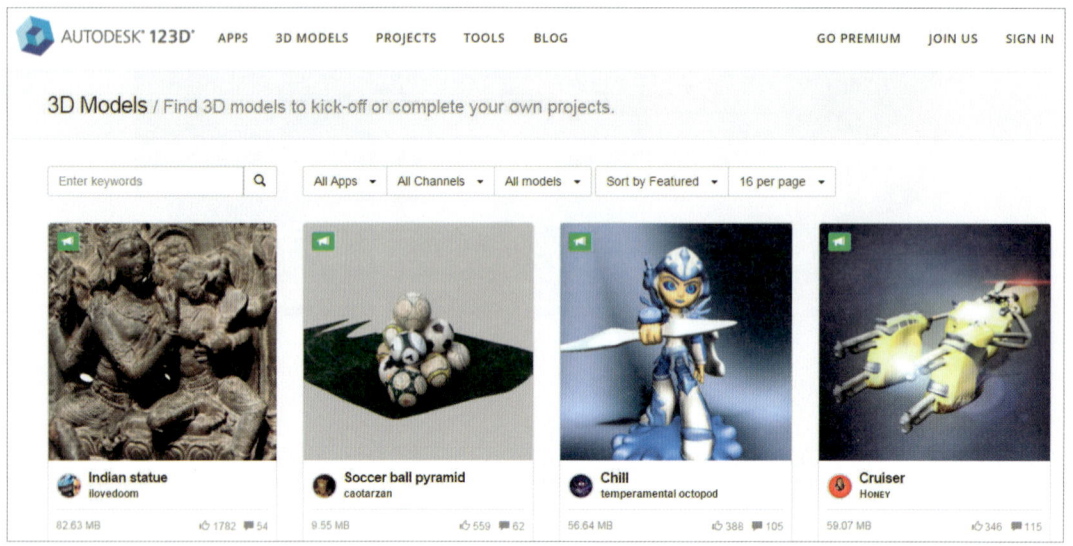

Chapter 2

3D 列印常用軟體基本介面與操作簡介

本章節次

2-1 Paint.NET 繪圖軟體介紹

2-2 Tinkercad 基本操作說明

2-3 Autodesk 123D 功能簡介

2-4 Cura 繪圖軟體介紹

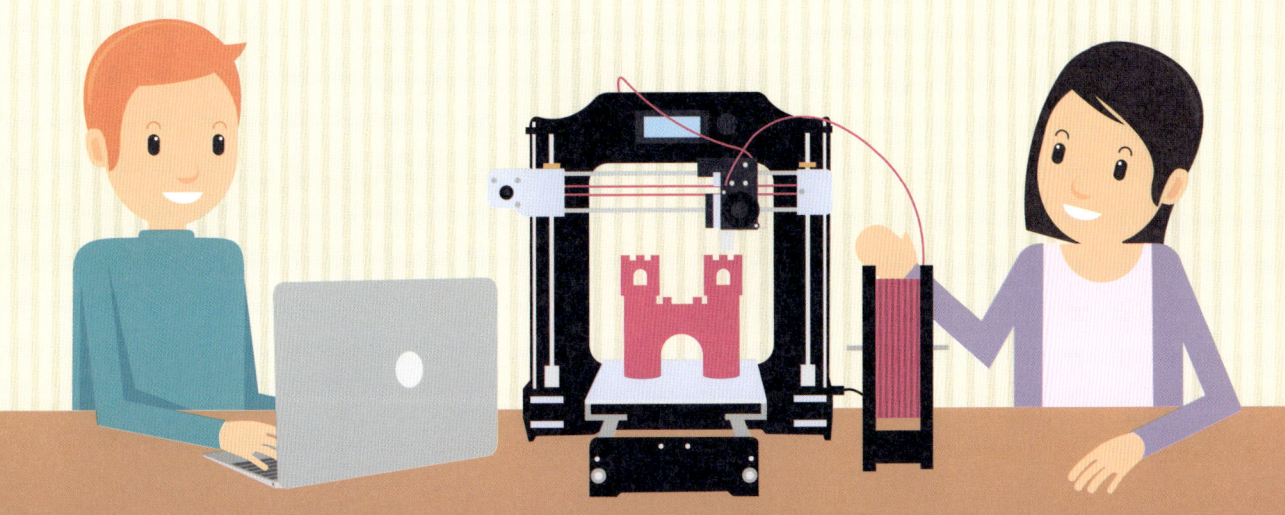

畫出璀璨・列印夢想－從 3D 列印輕鬆動手玩創意

2-1 Paint.NET 繪圖軟體介紹

🔷 功能及介面

擁有圖層是Paint.NET最大的優點，也是精簡版的Photoshop，易上手又能符合專業的需求。介面簡單易懂，含左側及上方工具列，左下有調色盤，右上是步驟記錄區，右下是圖層。

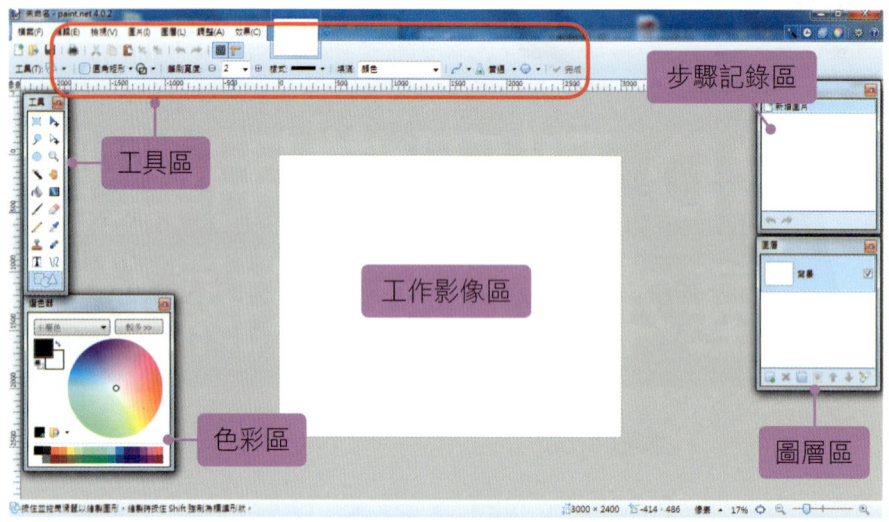

🔷 圖片項目包含圖片方向、大小調整功能

🔷 圖層項目包含圖層及屬性設定

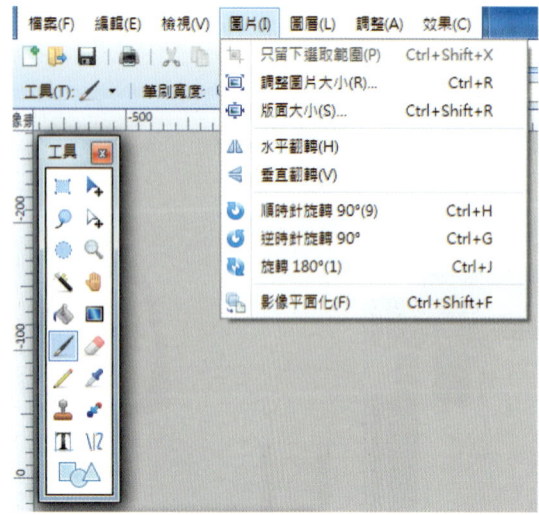

調整項目，包含多項改變影像色調功能

 效果項目，包含多項特殊影像效果功能

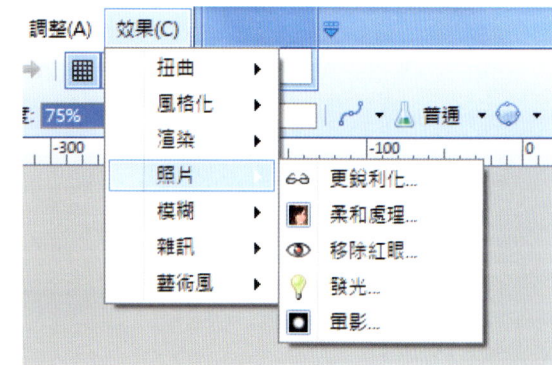

2-2 Tinkercad 基本操作說明

01

Google-key -Tinkercad

02

選取 -Tinkercad

03

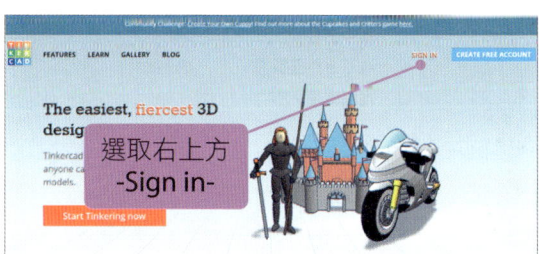

選取右上方 -Sign in-

04

輸入帳號密碼

畫出璀璨．列印夢想－從 3D 列印輕鬆動手玩創意

 05

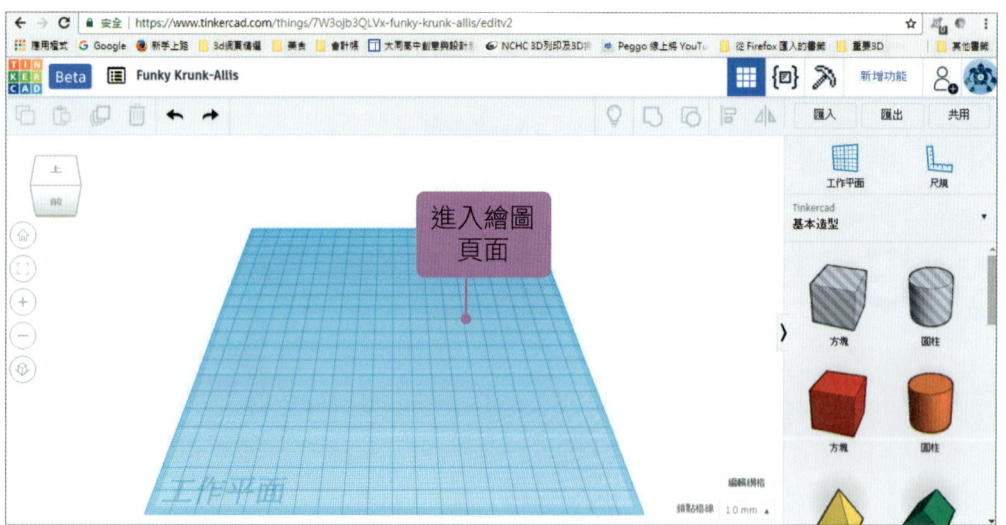 06

 07

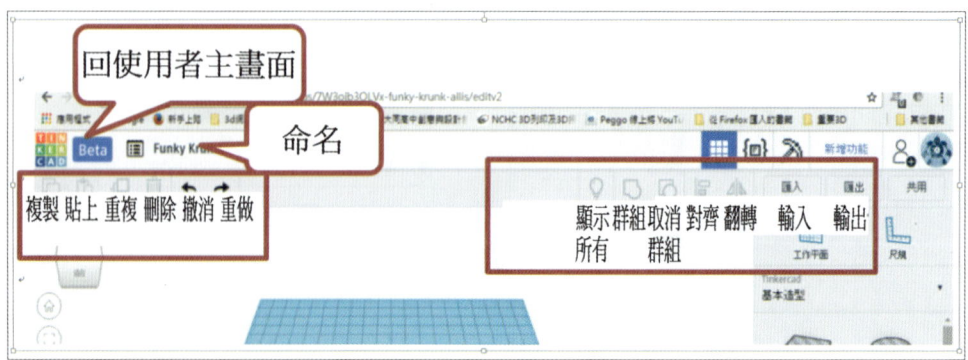

3D 列印常用軟體基本介面與操作簡介

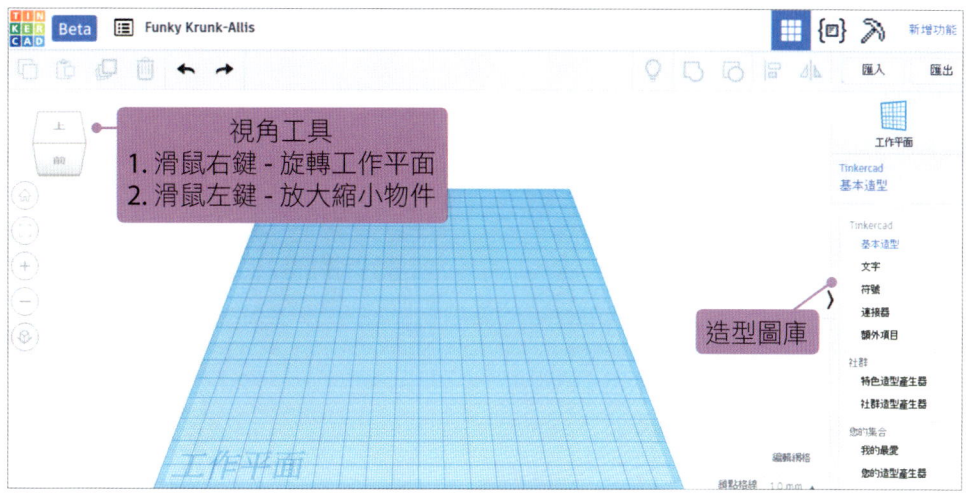

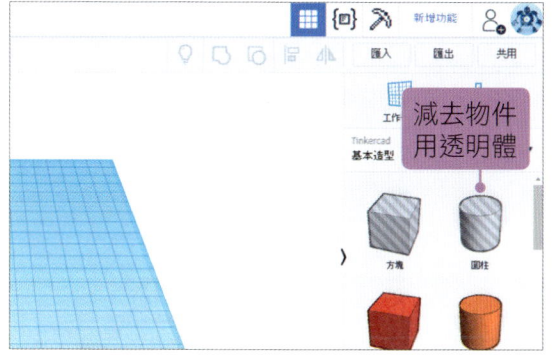

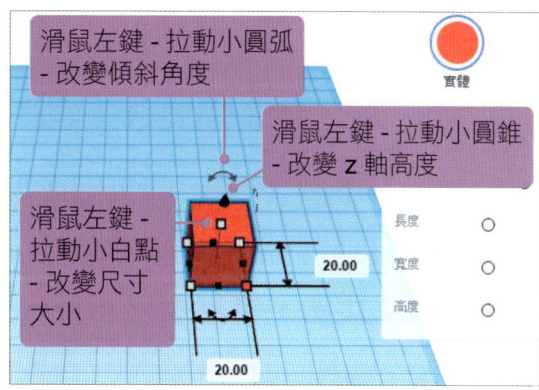

⑪

Tinkercad存檔：先選取BETA(命名)→再選取Export存成.STL檔後，選取使用者主選單，回到首頁出現新建圖檔。然後在電腦下載→會有.STL檔，放入切片軟體轉檔後，即可存入SD卡到3D列表機列印。

畫出璀璨・列印夢想－從 3D 列印輕鬆動手玩創意

2-3 Autodesk 123D 功能簡介

Autodesk 123D，操作介面區塊及工作列介紹：

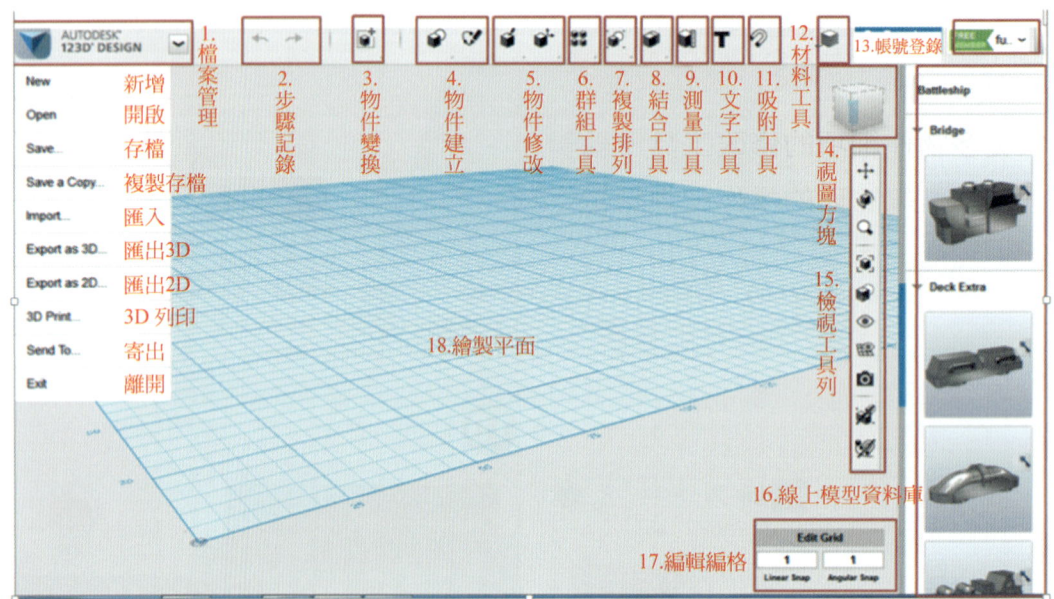

變換工具

是物件位置整體的移動、對齊、旋轉及縮放功能，可以改變物件大小、位置。箭頭的部分是控制位移的方向，弧線則可以任意的旋轉。

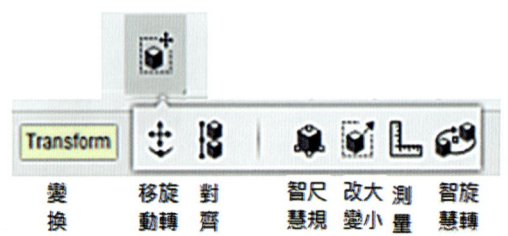

建立物件

內建基本3D物件圖，包括

1. 方形體、球體、圓柱、錐形、三角體等
2. 線框的基本幾何造型。

14

🟦 建立草圖

常用在建立不規則形狀，或比較複雜的線框物件，類似貝茲曲線，可以創造出豐富且有趣的線架構造型。

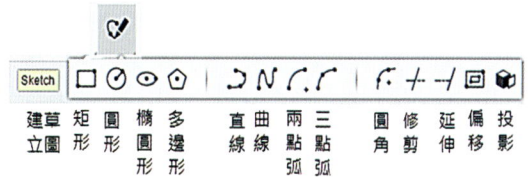

🟦 修改

提供更多物件細項的修改工具。編輯包含了點、線、面的操作，讓編輯修改在角度變更時有多種選擇，也在切割及製作薄殼上更便利，是製作容器的好夥伴。

🟦 建構

可以自行繪出簡單線框物件，建立一些特殊的造型。能建立厚度，並且也支援立體物件的面推出的製作。也可用在封閉線框物件，與非封閉的曲線線框製作造型路徑，可以將多個造型的封閉線框物串聯起來，製作意想不到的造型。

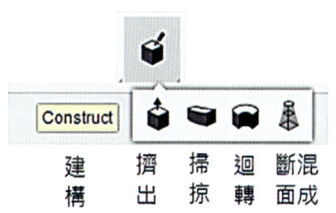

🟦 複製

製作物件時，需要大量複製的工具，複製的模式有矩陣、圓形、路徑及鏡射四種方式，可以解決大量繁瑣的複製工作。其中鏡射可以複製出另一半，所複製出來的3D物件會與原本的3D物件完整地融合為一體。

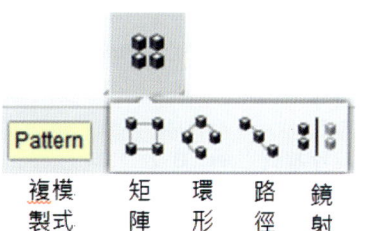

🔷 群組

共有三個功能，分別為群組、解散群組與解散所有群組，是製作物件的重要工具，群組功能可以協助複雜物的的製作效率。

🔷 結合

是非常好用的工具，使用率非常高，是用來組合或削減造型的工具，所製作出來的3D物件是一體成形，與群組疊合的不同，可以符合3D列印時的需求，Combine共有三種功能，分別為聯集、差集、交集、分開。

🔷 尺標工具

可以測量兩個3D物件的距離、面積區域、體積等。物件製作完成後，要進行列印時，列印物件大小，可以用尺標工具來測量。

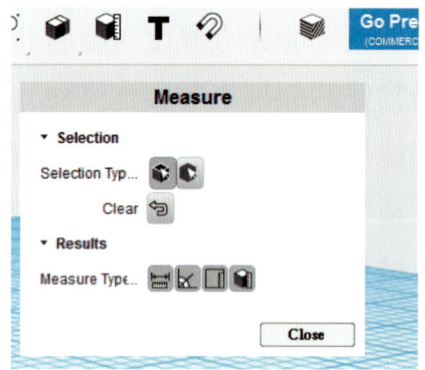

🔷 文字工具

支援部分的中文字體，具有編修功能，可以移動、擠出或分解字體。

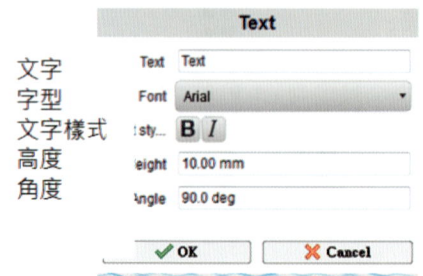
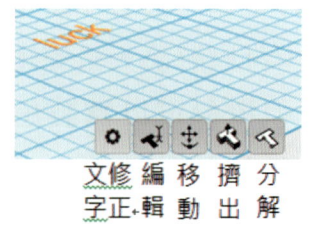

3D 列印常用軟體基本介面與操作簡介

🟦「Snap」對齊

可以將所繪製3D物件對齊到另一個3D物件的其中一個面上，並且群組起來。具有對齊及黏貼的功能。

🟦 材質工具

可以讓繪製的3D物件不再只有預設的藍色，可以簡單模擬未來所製作材質的狀態。可以選擇改變各種不同的材質，如石頭、玻璃、木紋、金屬等樣式。

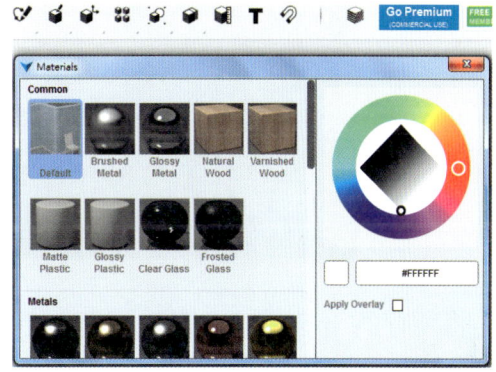

2-4 Cura 繪圖軟體介紹

01 Cura 頁面

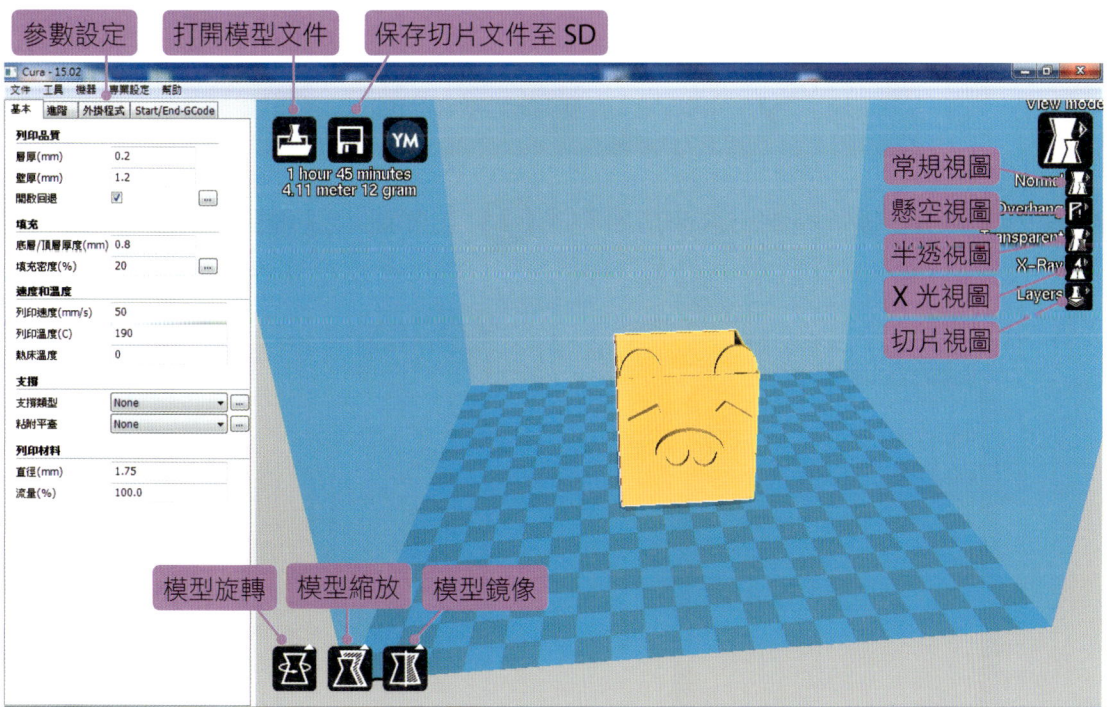

17

畫出璀璨・列印夢想－從 3D 列印輕鬆動手玩創意

02 打開 Cura，縮小畫面

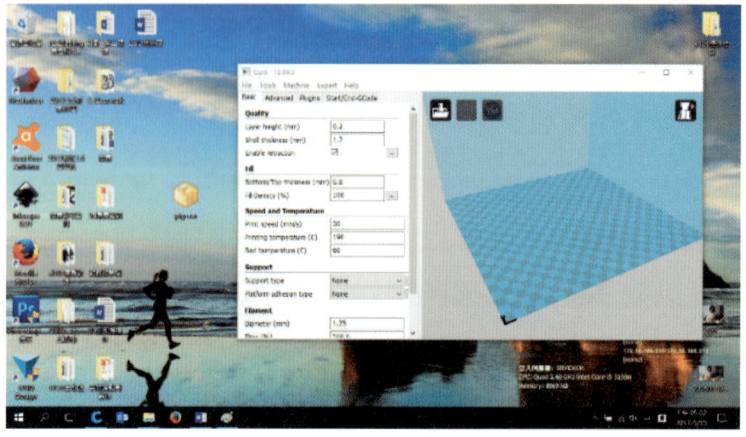

03 將所存的 jpg 或 .STL 檔，拉入 Cura 畫面

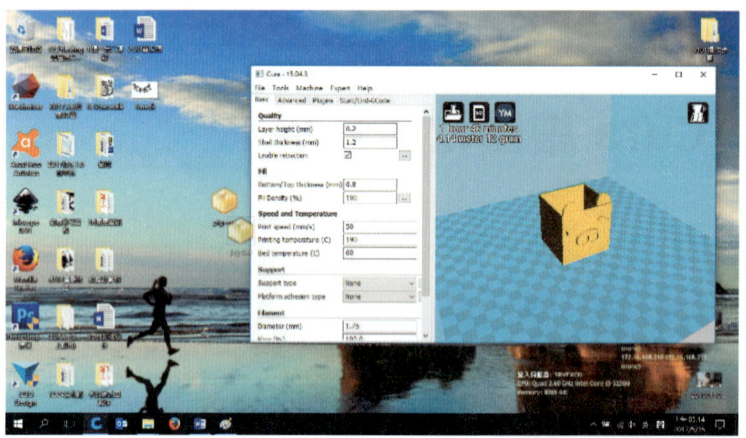

04 若匯入 jpg 檔，則跳出視窗依所需長寬高填入適當數字；stl 檔不會出現視窗

05 上方圖示呈現完成所需時間、原料長度及重量等數值

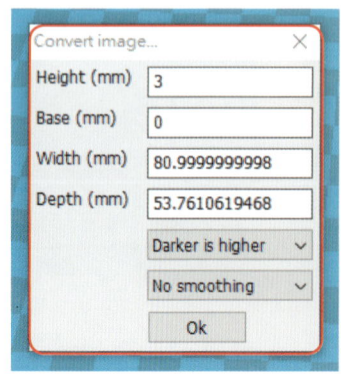

18

06 按物件，出現三種圖示 - Rotate、Scale、Mirror 分別為旋轉、縮放、鏡射功能

07 Scale 顯示列印物件長寬高並可做比例縮放，解鎖可單獨變更尺寸

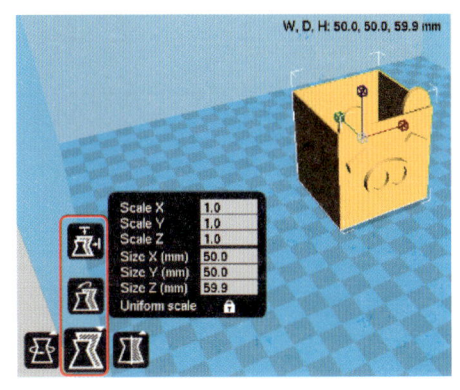

08 Rotate 可變更列印物件各個面向擺放位置

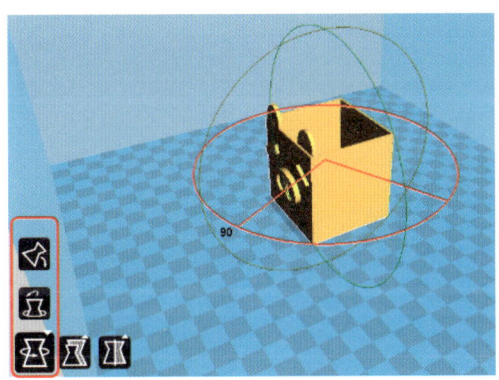

09 Rotate 中間圖示，「Reset」按下，回原始狀態

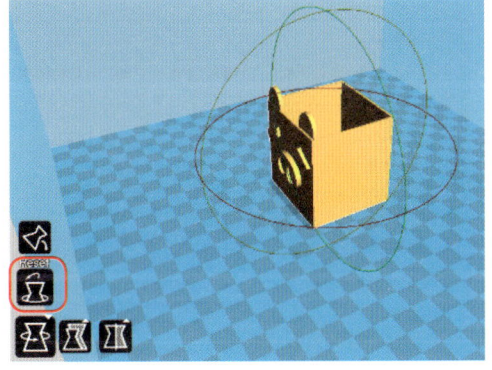

10 瀏覽模型 -layers- 可見堆疊列印過程

11 按 Normal- 回到正常列印模式，才能繼續執行

19

畫出璀璨・列印夢想－從 3D 列印輕鬆動手玩創意

❶❷ 存檔 (SD 卡)- file(文件)-save GCode(儲存 GCode)

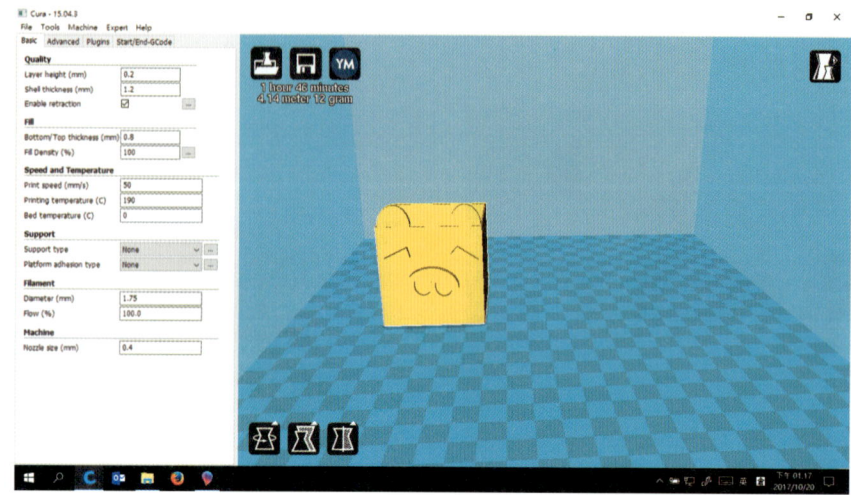

❶❸ 存檔 file-save GCode- name.gcode(英文或數字檔名)

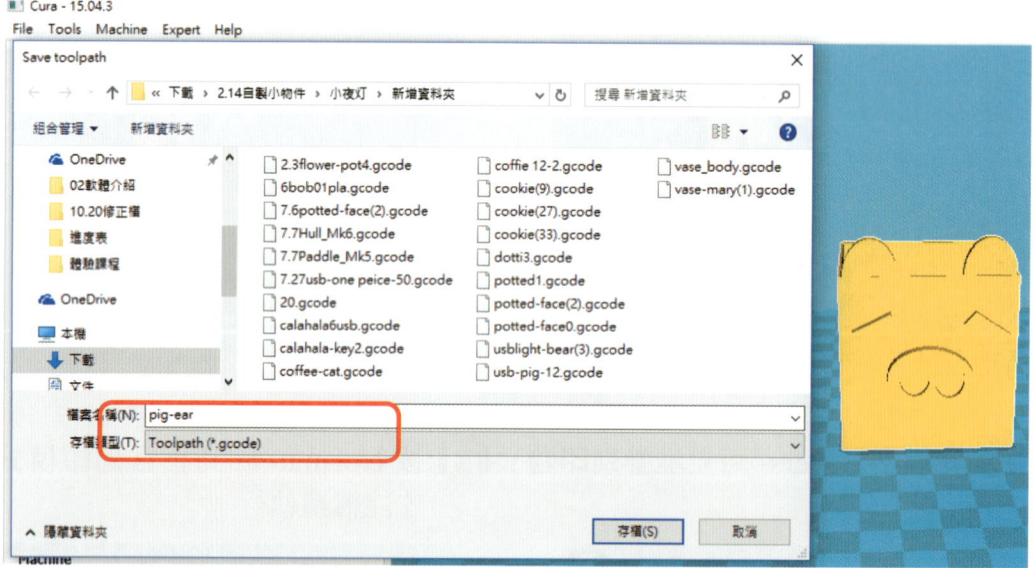

📦 列印物件

(1) 將存檔完成的SD卡取出，放入3D列表機SD卡槽。

(2) ＜讀取SD卡-選取檔案＞MENU-Print from SD - 英文檔名(name.gcode)。

(3) 將口紅膠均勻塗在玻璃上(或放置自造貼)。

(4) 3D列表機開始列印。

Chapter 3
3D 列印機器操作常見故障與排除

本章節次

3-1 線材進料

3-2 列印檔案

3-3 線材卸除

3-4 3D列印機器常見故障與排除(硬體)

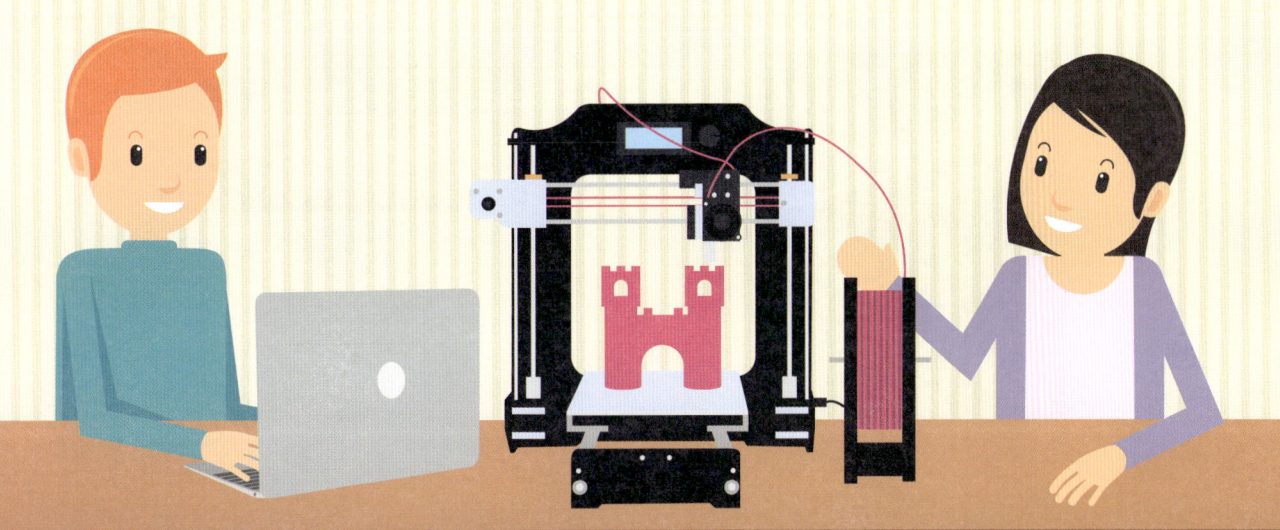

3-1 線材進料

01 置料架的卡勾扣入機台上方

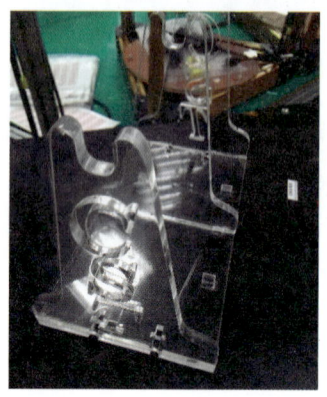

02 線材裝載至置料架上

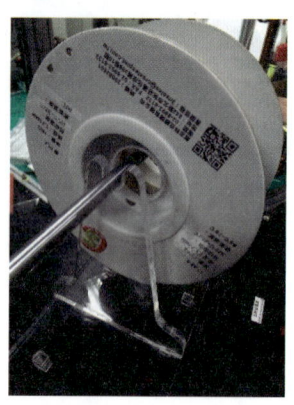

03 用斜口鉗將線頭剪成尖角

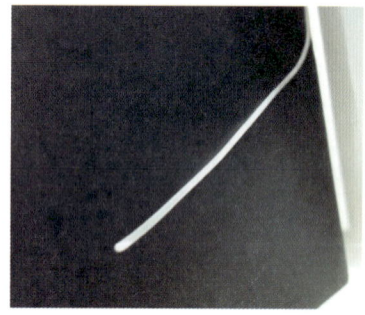

04 機器上方擠出模組扳開 - 卡住

05 線材從上方導管內穿進

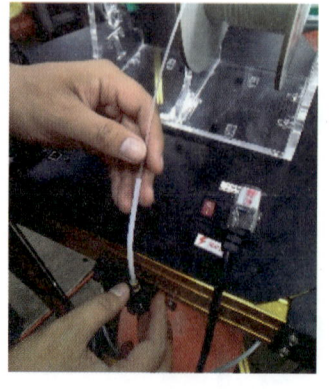

06 按壓旋鈕進入選單 -Prepare 擠出模組

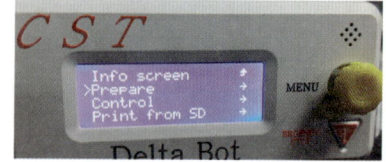

07 順時針旋轉按鈕 - 選 "Load New Filament" 啟動智慧型裝線功能

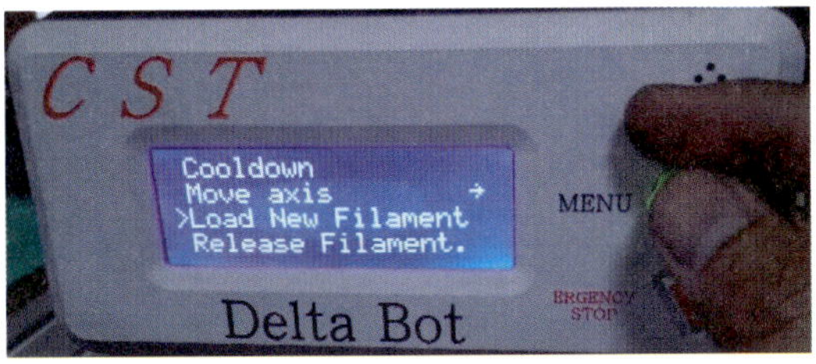

08 自動原點復歸 - 並慢慢升溫至 200℃

09 噴嘴溫度到達 200℃後，蜂鳴器會發出聲響，此時按壓螢幕按鈕，會快速將線材送至噴嘴

10 等到噴嘴排出的線材顏色與新安裝的線材顏色一樣時，表示線材已經載入

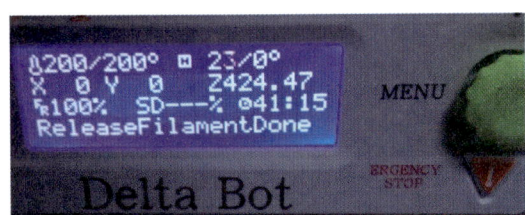

11 再按壓一次螢幕旋鈕停止送線，即完成線材安裝

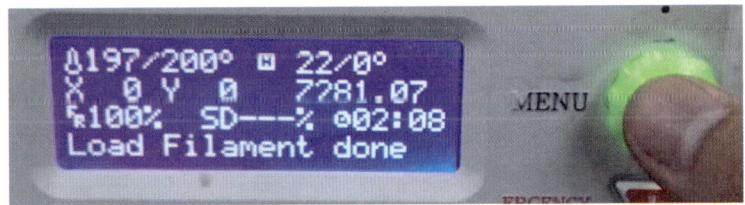

畫出璀璨・列印夢想－從 3D 列印輕鬆動手玩創意

3-2 列印檔案

12 在微電腦控制面板的左側 - 插入 SD-Card

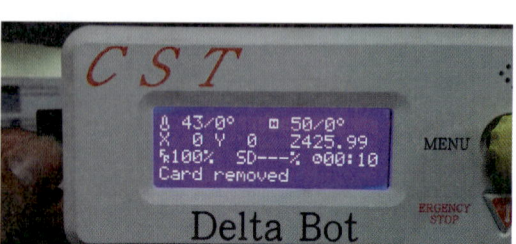

13 加熱板塗上口紅膠 - 塗上三層

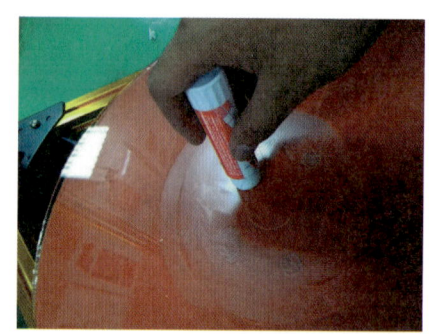

14 SD-Card - 選取要列印的檔案 - 按壓旋鈕進入選單 -MENU(目錄)- Print from SD- 選擇檔案名稱

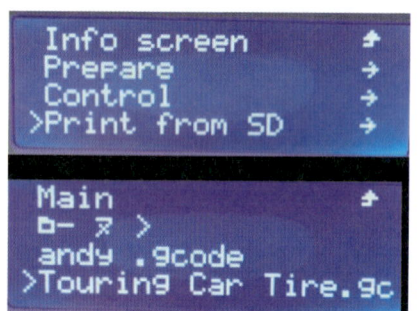

15 列印完成 - 噴嘴頭自動歸位

16 待加熱板冷卻 - 取下成品

17 列印中如有異常 - 可停止列印 - MENU-Stop print

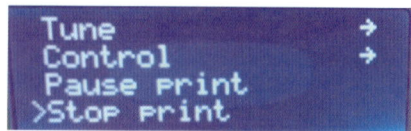

3-3 線材卸除

18 按壓旋鈕進入選單 Prepare

19 旋轉按鈕選 "Release -Filament Prepare" 啟動智慧型退線功能

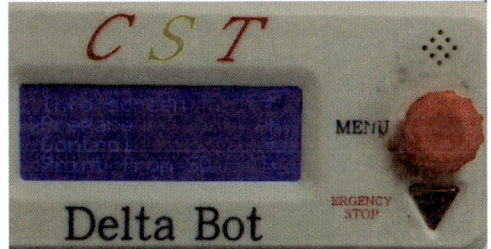

20 自動原點復歸 - 慢慢升溫至 200°C

21 溫度到達時不會發出聲響 - 會自動將線材退出

22 線材退出完成後，螢幕會顯示 "Release Filament Done"

23 線材捲繞回線匣上，並將線頭穿過側邊的孔洞

3-4 3D 列印機器常見故障與排除（硬體）

Q1：智慧型進線功能"Load New Filament"是每次列印前都要做一次嗎？
A1：不用，該功能是用於機器安裝線材時使用，若機台上已經有安裝好線材，便不需要再執行。

Q2：在使用智慧型進線功能"Load New Filament"時，機器發出聲響是正常的嗎？
A2：是的，在執行"Load New Filament"時，會自動加熱等到溫度到時，會發出聲響提醒使用者，機台正在執行指令中。

Q3：在使用智慧型退線功能"Release Filament"時，機器會發出聲響嗎？
A3：不會，啟動該指令後，會先原點復歸後自動加熱並自動退線。

Q4：列印出來的物件會有一條一條的水波紋？
A4：出現此狀況可能為以下幾點造成：

1. 線性滑軌的滑塊有間隙，按住皮帶固定座兩側並搖晃，若有明顯左右搖動表示其線性滑軌的滑塊與軌道有間隙，需更換整支線性滑軌。
2. 皮帶墮輪組損毀，皮帶墮輪有磨損產成軸心擴孔或墮輪組軸成損壞，也會產生上述狀況，需更換墮輪組。
3. 皮帶張力不夠，請調整皮帶張力。
4. 使用線材於製程時有異狀，更換線材再重新列印。
5. 連桿臂的插PIN尺寸過小，或與插PIN組合的孔洞孔徑過大，導致運行時產生間隙。
6. 參數設定上噴嘴溫度過高，導致散熱不易。

Q5：噴嘴加熱後，溫度一直沒有上升，且螢幕顯示的噴嘴目前溫度還是跟室溫一樣？

A5：1. 先將機台打開並手動加熱噴嘴，接著拿三用電表量測PCB板上加熱棒的端子台，是否有12V電壓通過。

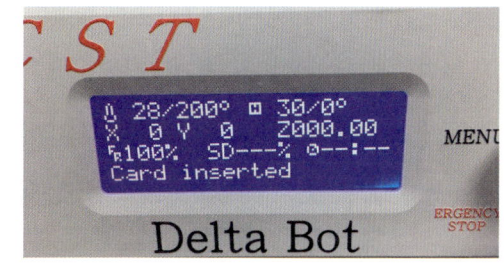

2. 若有12V，則表示加熱棒損壞請更換線材組。

3. 無12V，則表示PCB板的12V Output損壞，請更換PCB板，但此時也用電表量測加熱棒的電阻(Ω)是否介於3.5Ω～5Ω左右，若有，表示加熱棒正常，若無則表示加熱棒損壞，請更換噴嘴線材組。

Q6：噴嘴加熱後，會一直卡在某個溫度上不去？

A6：1. USB線與機台連結後開啟Repetier-Host，用噴嘴移動到Z50 的高度後，以指令M303 S230 C10做熱校正（若S230會失敗可以5度為區間向上修改，當S試到240還是無法熱校成功，則直接更換噴嘴線材組）

2. 完成後依照熱校正畫面顯示之PID值，開啟EEPROM設定修改並儲存。完成之後試列印，若仍然無法升溫，則請更換噴嘴線材組。

Q7：噴嘴加熱到指定溫度後，開始列印結果，噴嘴一直沒出料且擠出模組一直發出噠噠的聲響？

A7：停止列印後原點復歸，並且Control>Temperature>Nozzle手動加熱溫度至200℃，接著將手伸在噴嘴前方，感覺是否有熱風。

若有，表示噴嘴堵塞，需將噴嘴內的雜質排除，並檢查線材是否有卡在擠出模組。

若無，表示熱敏電阻損毀，請更換噴嘴線材組。

Q8：底板加熱後，溫度一直沒有上升，且螢幕顯示的噴嘴目前溫度還是跟室溫一樣？

A8：出現此狀況可能為以下幾點造成：

1. 先將機台打開並原點復歸，接著Control>Temperature>Bed手動加熱底板，接著拿三用電表量測PCB板上加熱底板的端子台是否有12V電壓通過。

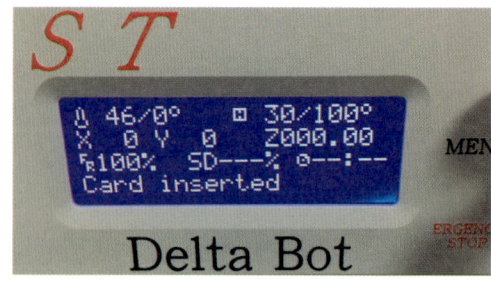

2. 若有12V，則表示加底板損壞，請更換加熱底板。
3. 若無12V，則表示PCB板的12V Output損壞，請更換PCB板，但此時也用電表量測加熱棒的電阻(Ω)是否介於1.0Ω～2.0Ω左右，若有則表示加熱底板正常，若無則表示加熱底板損壞，請更換加熱底板。

Q9：在列印時噴嘴一直都沒有出料？

A9：出現此狀況可能為以下幾點造成：

1. 線材是否打結？
2. 線材安裝時，擠出模組未扣上，使惰輪壓在線材上。
3. 若擠出馬達有發出"噠噠"聲表示噴嘴堵塞，請停止列印後，執行噴嘴堵塞排除作業並檢查噴嘴風扇是否有正常運轉，若無，請確認是否損毀或有異物卡住。
4. 擠出模組彈簧壓力不足，調整壓力螺絲。
5. 擠出馬達齒輪空轉，請檢查止付螺絲是否鎖緊。

Q10：口紅膠要自己購買的話，要怎麼挑選？

A10：建議購買3M的scotch 6521口紅膠，PCHOME商店街、PCHOME線上購物等購物網站均有販售。

常見的故障與排除（軟體 Cura）

Q11：為什麼我的圖檔上面的文字都沒印出來？

A11：FDM之3D印表機因成形原理的關係，列印出來的線條寬度不得小於噴嘴孔徑，V101系列因噴嘴孔徑為ø0.4mm，因此在設計圖面時，特徵的線條尺寸需≧0.4mm切片軟體。

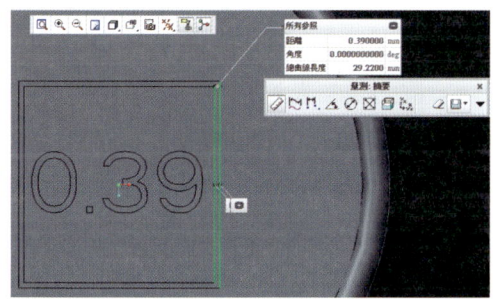 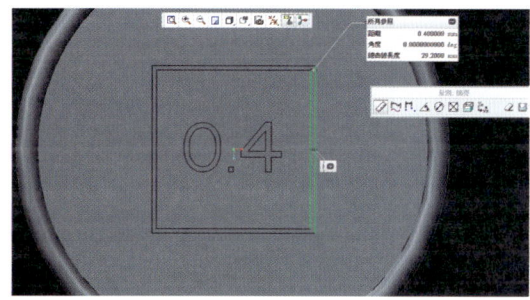

Q12：為什麼東西列印出來後，上方的面會破洞？

A12：當Basic>Fill>Fill Density 實體密度低的時候，交叉網格的空隙會跟著變大。此時Basic>Fill的Bottom/Top thickness的值如果太小時，會導致物件頂層面在列印時的厚度不夠，會有破洞的狀況發生，因此可以調大"Bottom/Top thickness"或"Fill Density"便可改善。

Q13：為什麼列印的物件要開支撐材？

A13：模型的特徵角度之切線與水平線的夾角小於45°時，在成型時，線條因為與前一個層面重疊的面小於1/2而產生塌陷的現象。此時支撐材可以將多出來的層面支撐住。

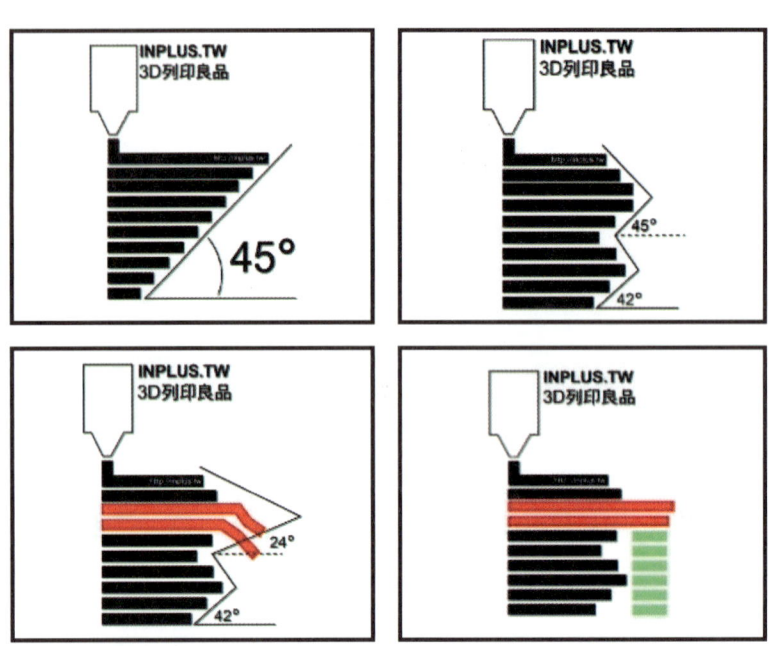

Q14：為什麼列印物件的殼畫的時候是實體，但是印出來後，殼的中心有空隙？

A14：一般會有這種狀況通常是Cura上的Basic>Fill>:"Fill Density"實體密度過低導致，建議直接設定100%，除了解決破洞問題，也可以確保外殼的強度。

Q15：為什麼3D掃描的圖檔一直印不出來？

A15：透過3D掃描器輸出的表面都需在經過修圖表面才能平整，此圖看得出輸出的STL檔且沒有另外修圖，因此圖檔底部表面不平整，在列印時會導致物件不管怎麼轉角度，都會變成懸空列印。

可以透過Cura的Advanced>Quality>Cut off object bottom將圖檔的底部切除掉設定的高度（單位：mm），讓底部可以平整，增加列印成功率。

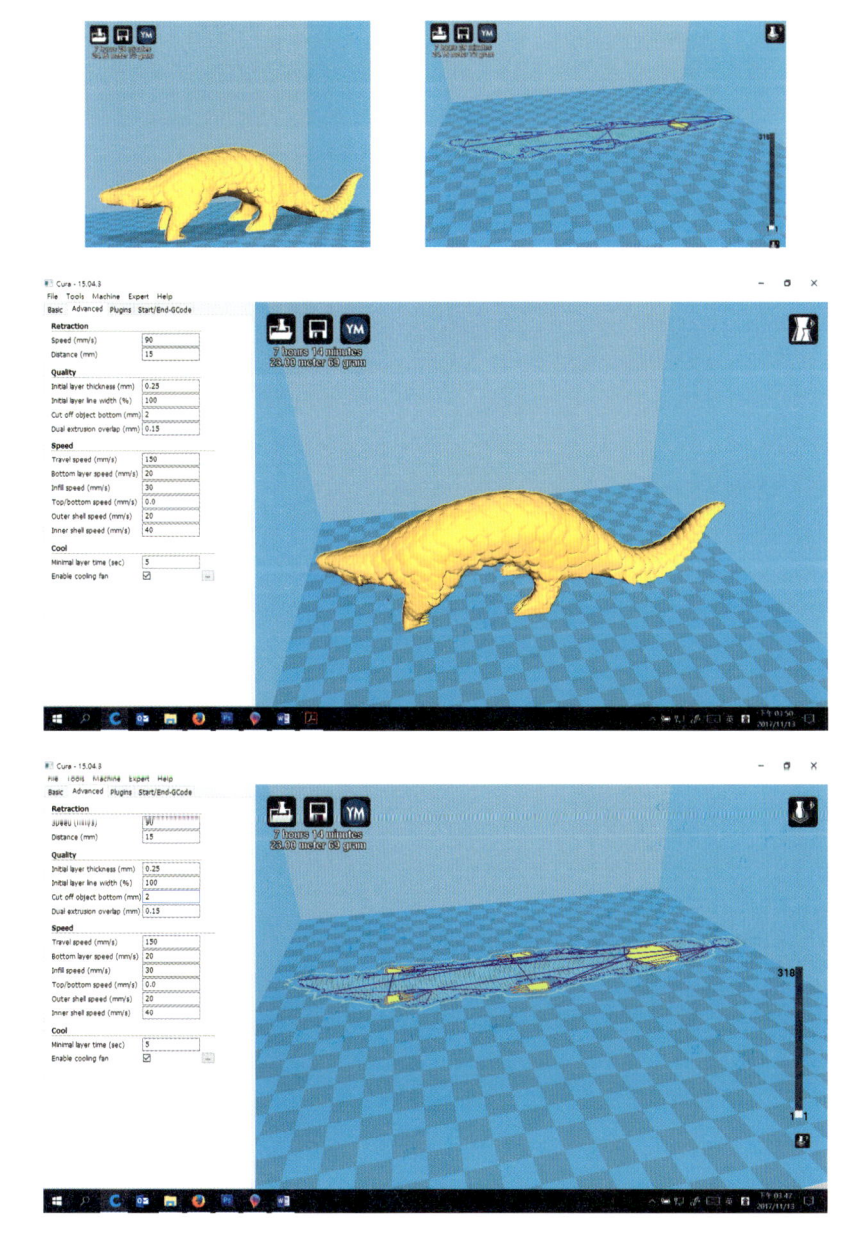

Chapter 4

18 週 3D 列印課

4-1 專屬吊牌
（Paint.NET）

4-2 有設計感的咖啡棒
（Paint.NET）

4-3 獨一無二的項練
（Paint.NET）

4-4 有 feel 的書籤
（Paint.NET）

4-5 手作壓模
（Paint.NET）

4-6 3D 藝術照
（Paint.NET）

4-7 未來感時鐘
（Paint NFT）

4-8 動物拼圖
（Paint.NET）

4-9 應景 3D 卡片
（Paint.NET）

4-10 山盟海誓的戒指
（Tinkercad）

4-11 娃娃屋鍋子
（Tinkercad）

4-12 玩印章
（Tinkercad）

4-13 小玩偶 - 金魚
（Tinkercad）

4-14 客製化置物盒
（123D Design）

4-15 曲線瓶
（123D Design）

4-16 獨特存錢筒
（123D Design）

4-17 螺絲與螺帽
（123D Design）

4-18 3D 掃描 - 迷你世界
（Sense Objects）

4-1 專屬吊牌　（Paint.NET）

01 打開桌面上的Paint.NET繪圖軟體

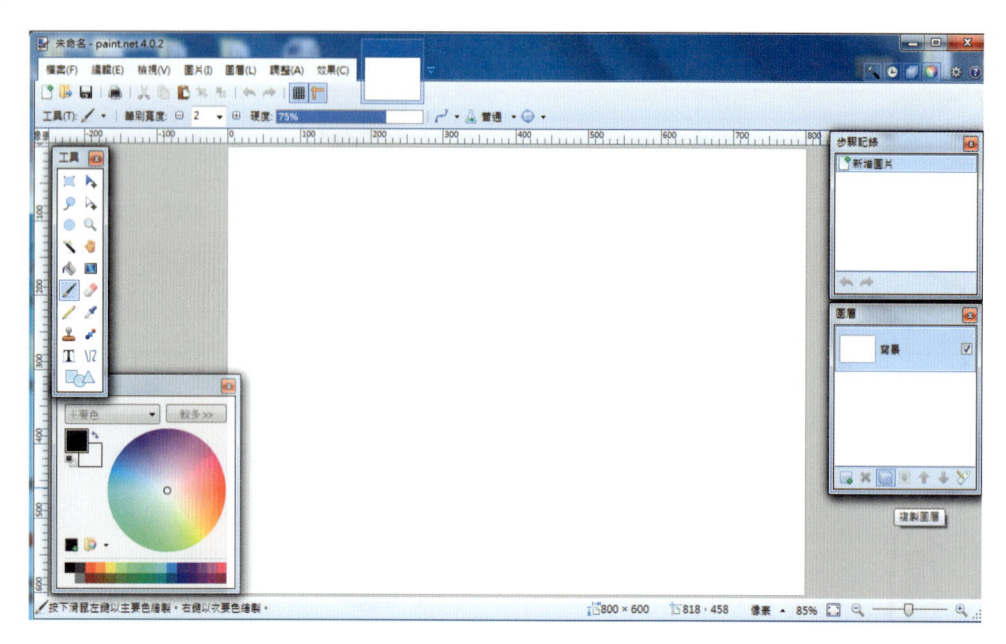

02【檔案】-開啟新檔,列印尺寸「6×4」公分

03 左側【工具】-下方圖案,上方【矩形】的「圓角矩形」

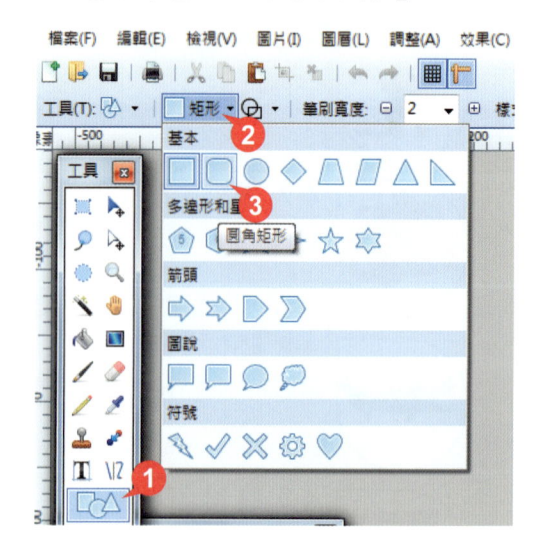

1. 專屬吊牌

04 左側【工具】-下方圖案，上方「工具」-「填滿形狀」

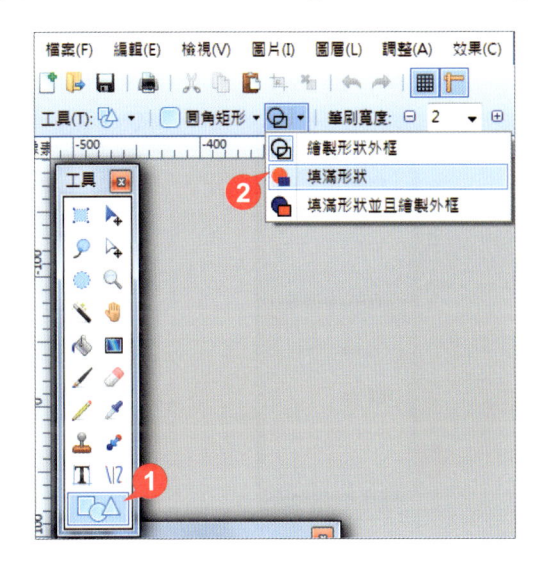

05 左下方【選色器】-較多-V「50」，畫出實心圓角矩形，完成

06 「加入新圖層」-右下方圖層框第一個圖示

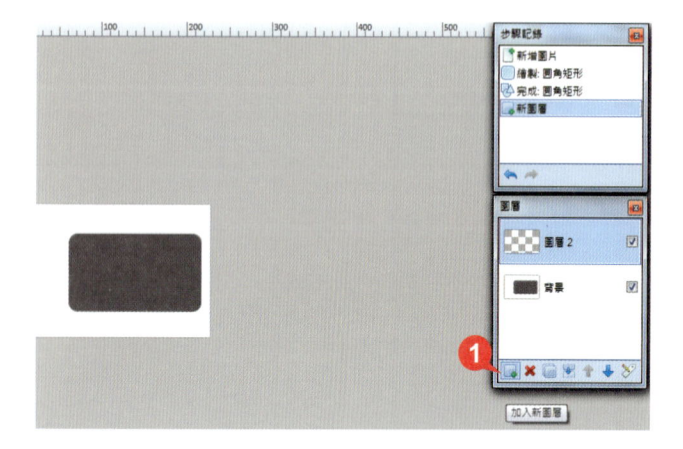

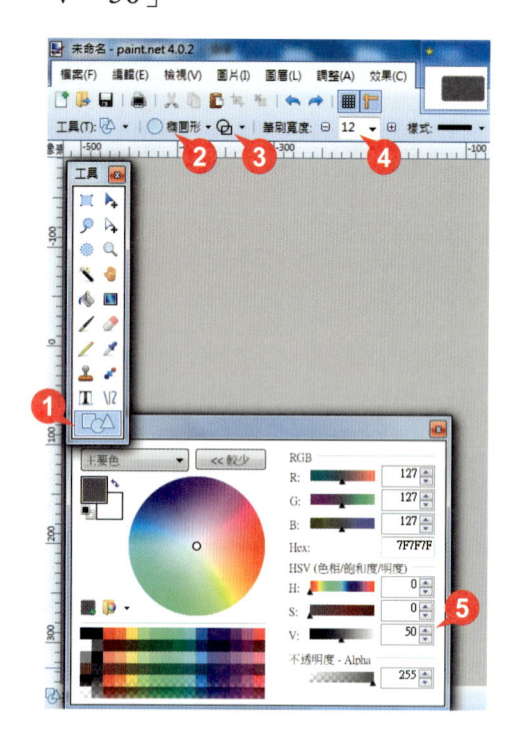

07 左側工具【圖案】,上方工具【橢圓形】-【形狀繪製模式】-【筆刷】-「12」,【選色器】-V「50」

08 畫出空心小灰圓-【工具列】-「移動鍵」,調整適當位置,完成

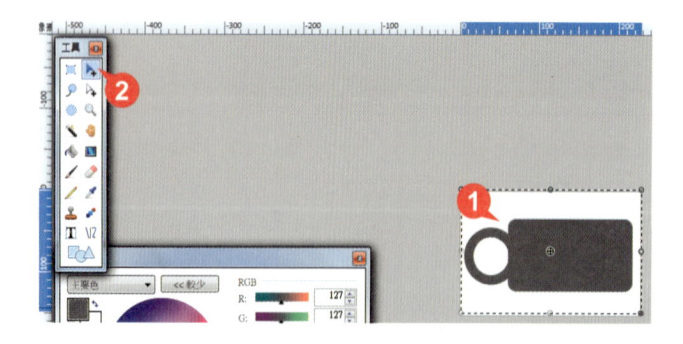

09 【編輯】-【取消選取】,加入新圖層

1. 專屬吊牌

10 左側【工具】-【T】，上方【工具】-36-細明體，【選色器】-黑

11 key名字，左側【工具】-【移動選定像素】，調整到適當位置

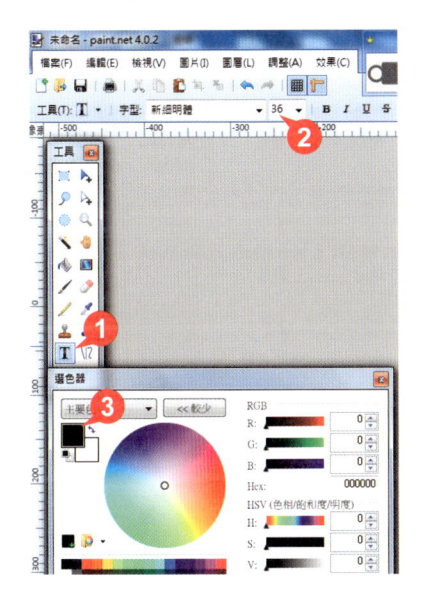

12 【編輯】-【取消選取】或按enter

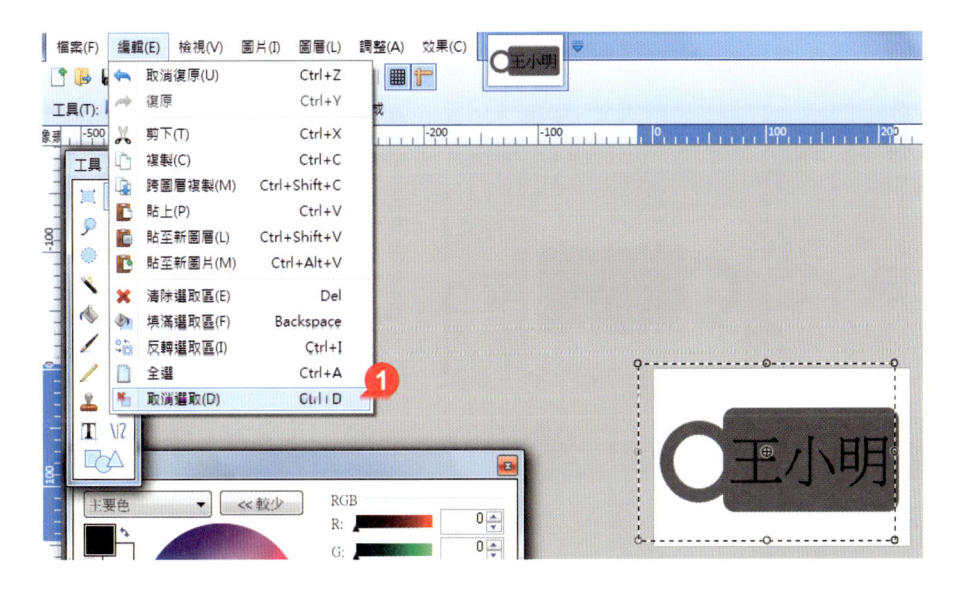

13【檔案】-【另存新檔】-【檔案類型】-jpg-name.jpg(英文或數字檔名)

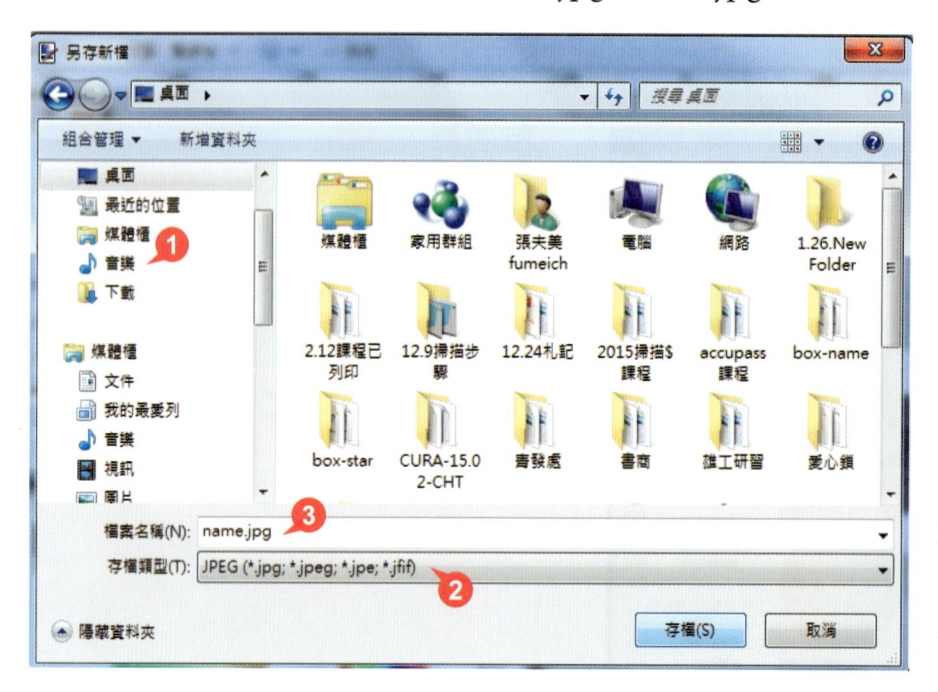

14【儲存組態】-【確定】

15 按下1「影像平面化」,即完成存檔

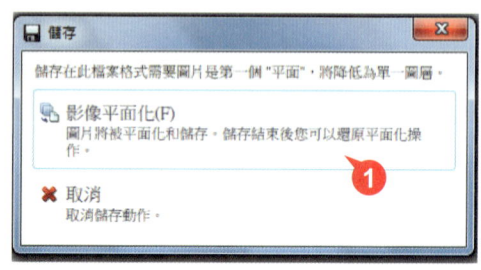

1. 專屬吊牌

Chapter 4

🔲 轉檔軟體操作

01 打開Cura，縮小畫面

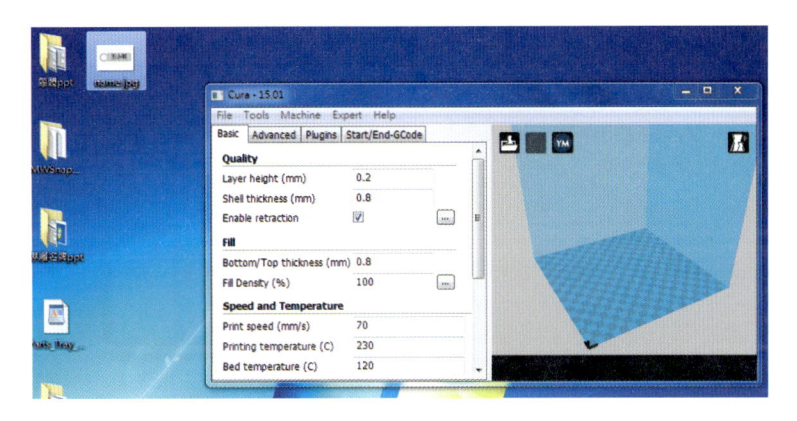

02 將jpg或.STL檔，拉入Cura畫面

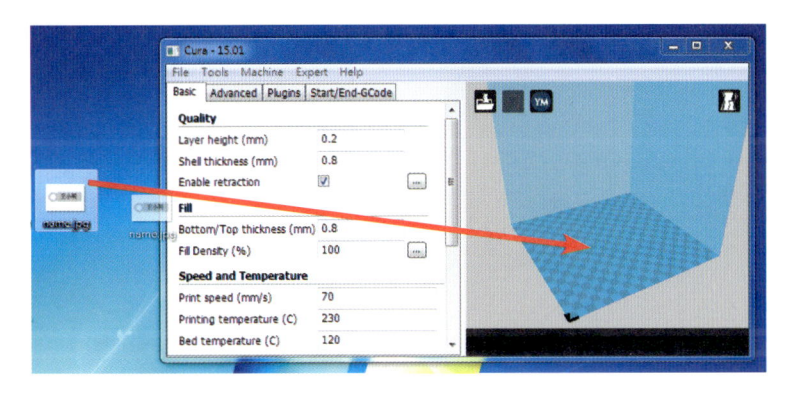

03 Cura最大化，在跳出的視窗內，填入「3×0×60」

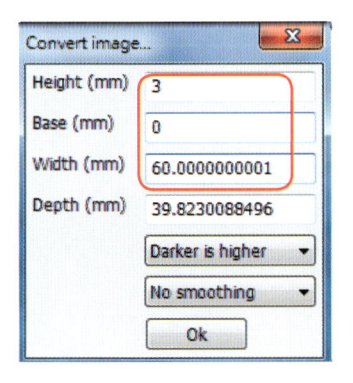

04 上方圖示呈現完成所需時間、使用材料長度及重量等數值

39

畫出璀璨・列印夢想－從 3D 列印輕鬆動手玩創意

05 對物件按一下，下方會出現三種圖示－Rotate、Scale、Mirror

06 下方中間圖示Scale進行比例縮放，按一下，查看列印物件長寬高及比例，再按Scale是取消

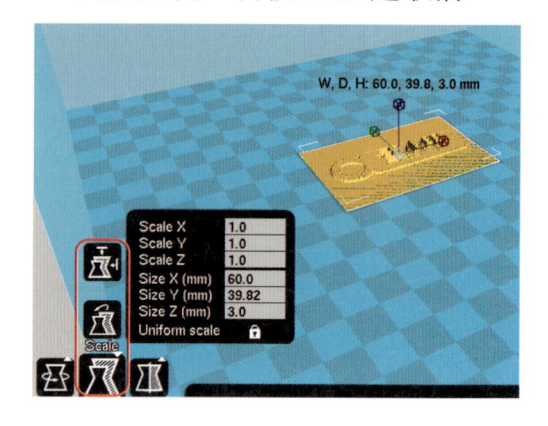

07 下方最左圖示Rotate是旋轉工具，可調整列印物件位置

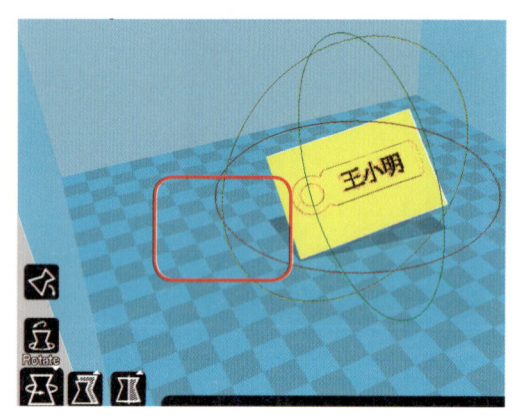

08 最左中圖示-reset回原始狀態

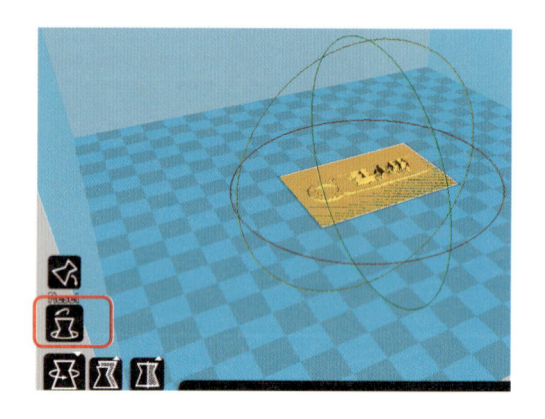

09 右上方圖示-點取最下方圖示可以查看堆疊列印，是否正確

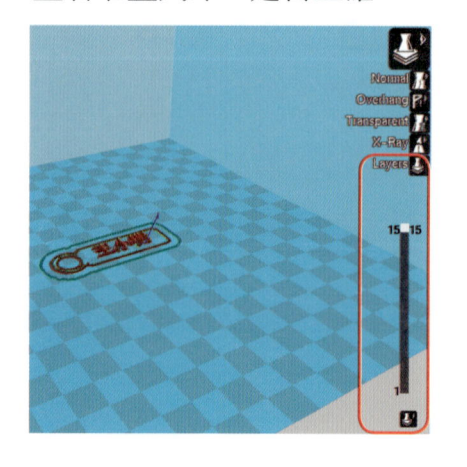

10 按Normal-回到正常列印模式，才可以存檔

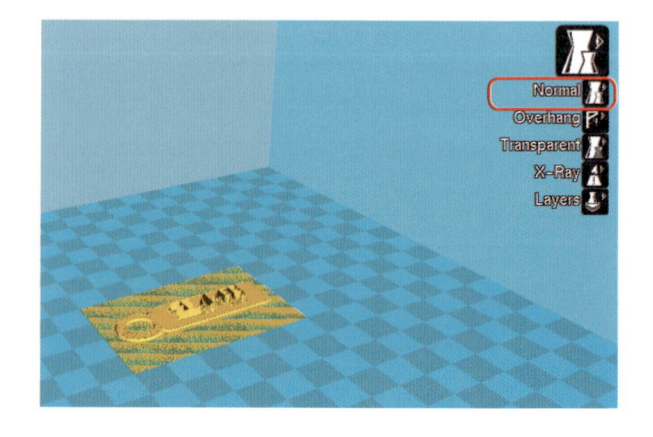

1.專屬吊牌

11 存檔(SD卡)-file-Save GCode

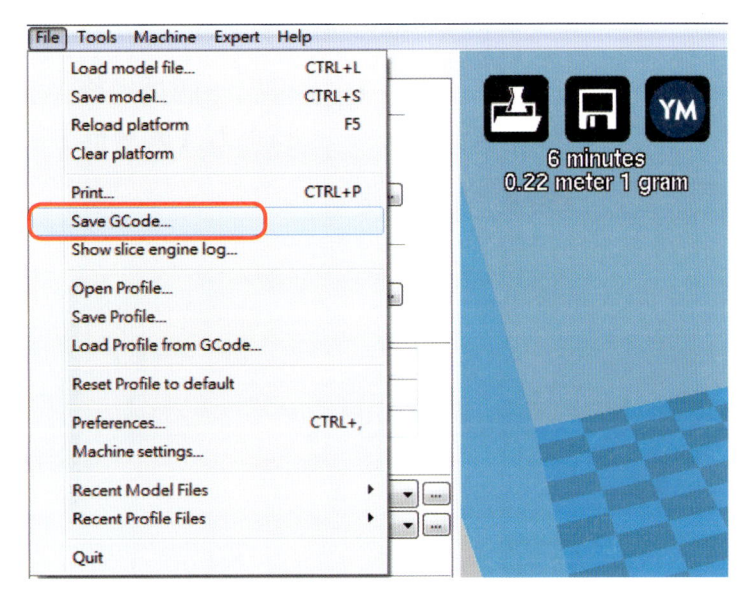

12 file-save-Gcode-name.gcode(英文或數字檔名)

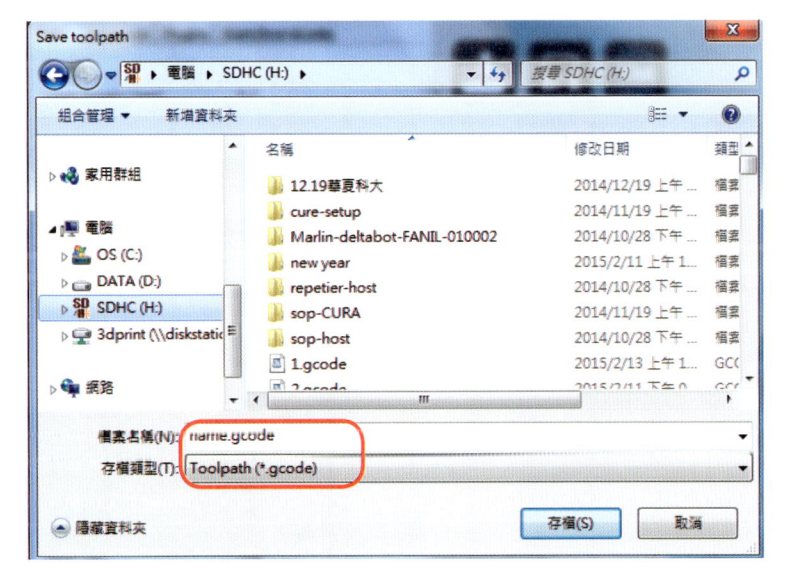

🎁 列印物件

(1) 將電腦的SD卡取出，放入3D列表機SD卡槽。

(2) ＜讀取SD卡-選取檔案＞MENU-Print from SD-英文或數字檔名(name.gcode)。

(3) 將口紅膠均勻塗在玻璃上（PLA-三層、ABS-四層）。

(4) 3D列表機開始列印。

畫出璀璨・列印夢想－從 3D 列印輕鬆動手玩創意

4-2 有設計感的咖啡棒 （Paint.NET）

01 【檔案】-開啟新檔，列印尺寸「4×15」公分

02 左側【工具】-下方圖案，【矩形】-【填滿形狀】,【選色器】-黑

03 畫出一個長黑條，完成。加入新圖層-右下方【圖層框】第一個圖示

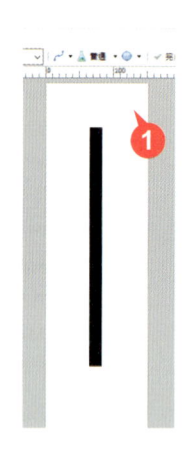

04 左側【工具】下方圖案,【橢圓形】-繪製形狀,【外框筆刷】-15,【選色器】-黑

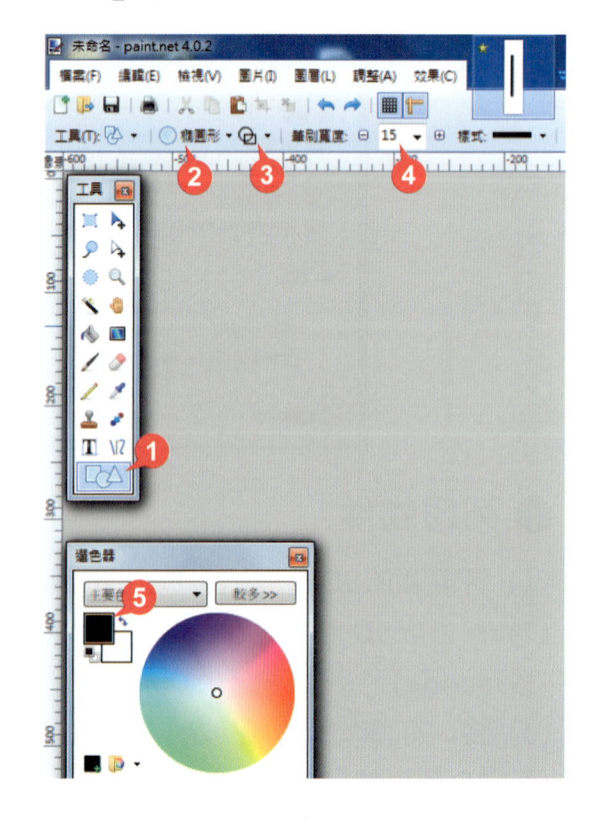

42

2. 有設計感的咖啡棒

05 在長黑條圖下方-畫出黑空心圓，鍵盤左右上下鍵-調整大小、位置，完成

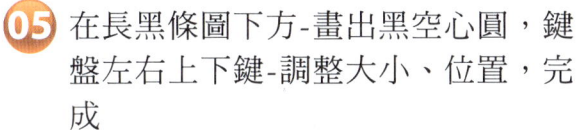

06 右下方【圖層】-加入新圖層

07 上方【工具】-【橢圓】-【填滿形狀】-【筆刷】-15，【選色器】-黑

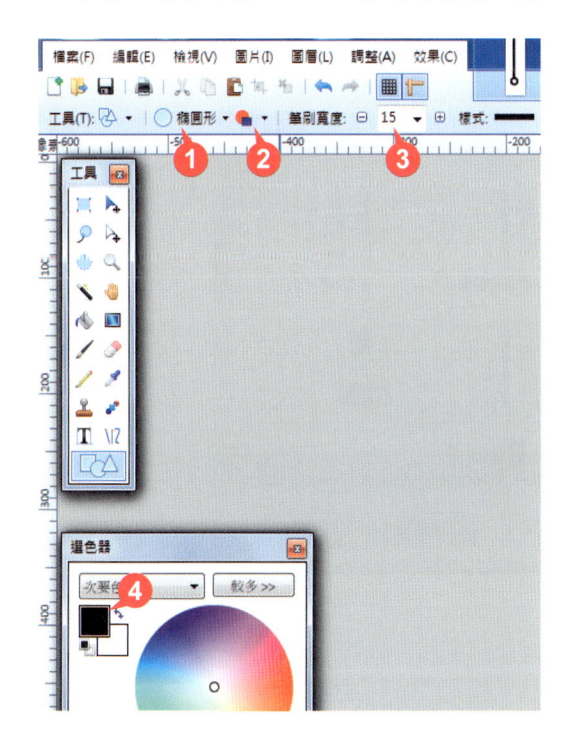

08 在黑長條圖上方畫出-實心黑圓臉

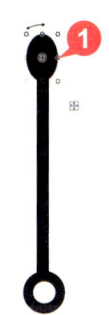

09 加入新圖層-在黑圓臉左上方畫出一個耳朵

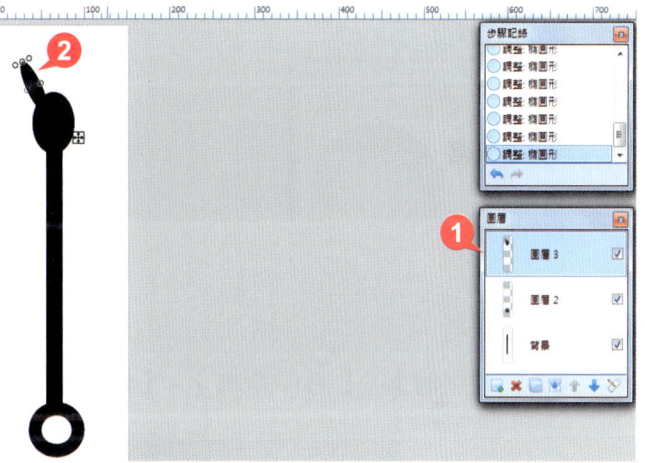

10 在黑圓臉右上方畫出一個耳朵，鍵盤左右上下鍵調整大小、位置，完成

43

11 加入新圖層-上方【工具列】-【橢圓】-【填滿形狀】,【選色器】-白

12 在黑圓臉左上方畫出一個眼睛

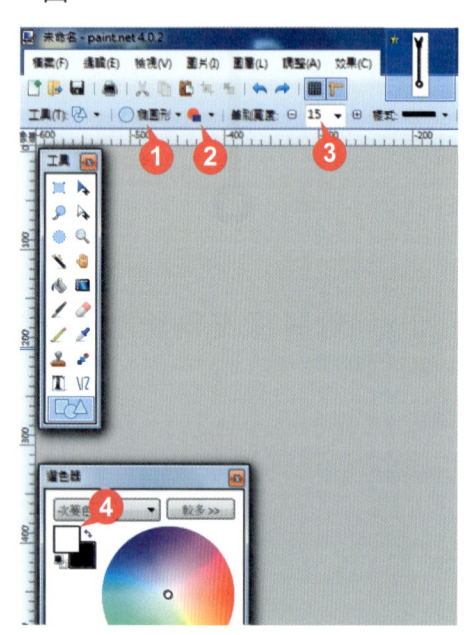

13 在黑圓臉右上方畫出一個眼睛,完成

14 【存檔】-【另存新檔】-【檔案類型】-jpg-coffee.jpg(英文檔名)

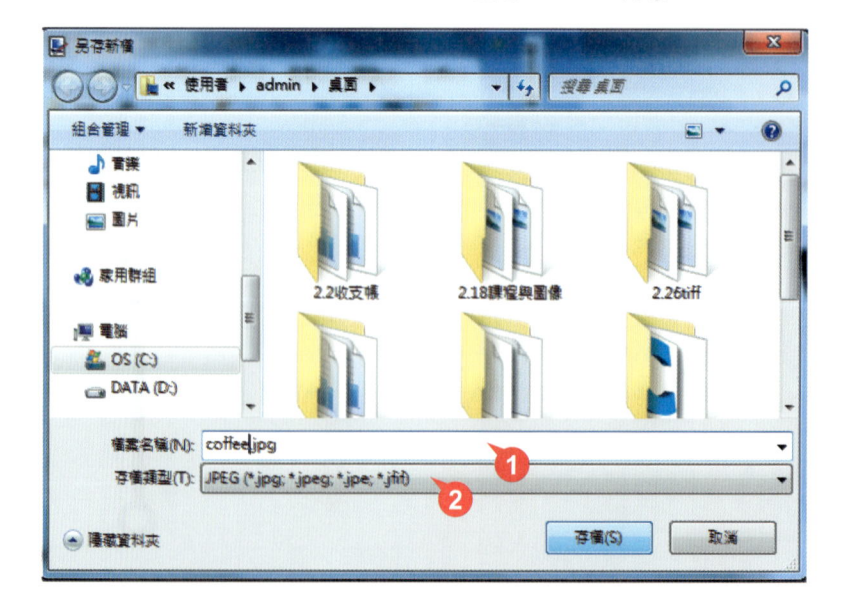

2. 有設計感的咖啡棒

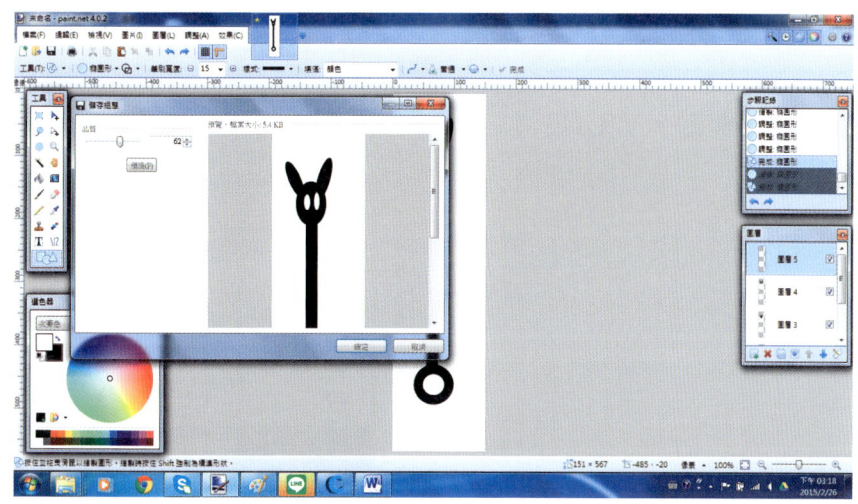

15 【儲存組態】-【確定】

16 按下「影像平面化」，即完成存檔

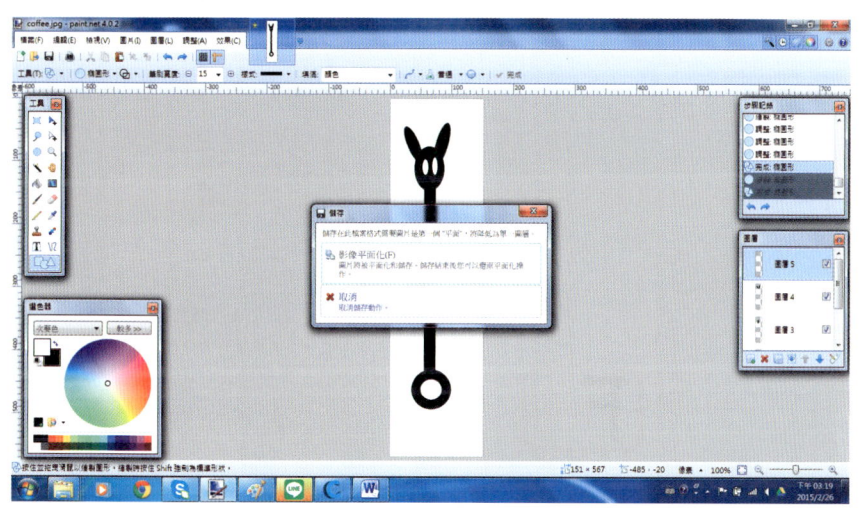

🔷 轉檔軟體操作

(1) 打開Cura，縮小畫面。所存的jpg檔，拉入Cura畫面。

(2) Cura最大化，在跳出的視窗內，填入2×0×()原訂尺寸。2.00mm是物件最高的部分，底層0是鏤空。

(3) 存檔(SD卡)-file-save Gcode。

(4) file-save gcode -SDHC(H)-name.gcode(英文或數字檔名)

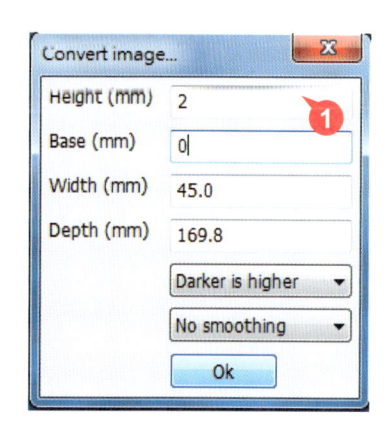

🔷 3D列印步驟：請參考前面4-1節專屬吊牌之範例

4-3 獨一無二的項鍊 （Paint.NET）

01 【檔案】-開新檔案，列印尺寸-「6×4」公分

02 加入新圖層-左側【工具】-T，上方【工具】-【字體】-「36」，【選色器】-黑，打第一個英文字母

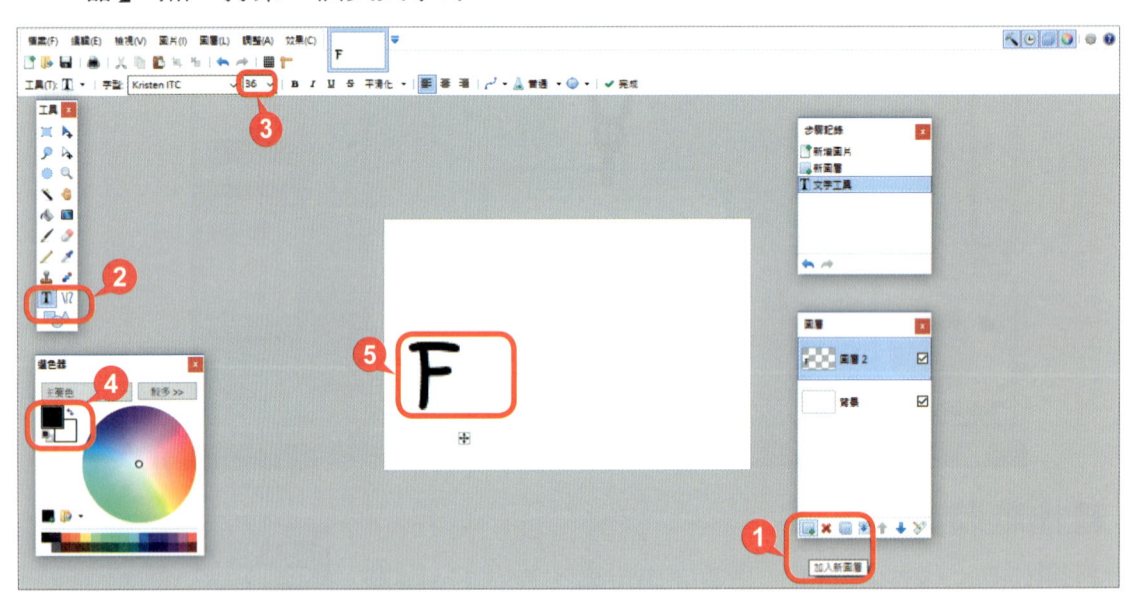

3. 獨一無二的項鍊

03 【工具】-【移動選定像素】-在白色框內按一下成選取狀，出現雙箭頭時，移動選取可將字體傾斜，enter

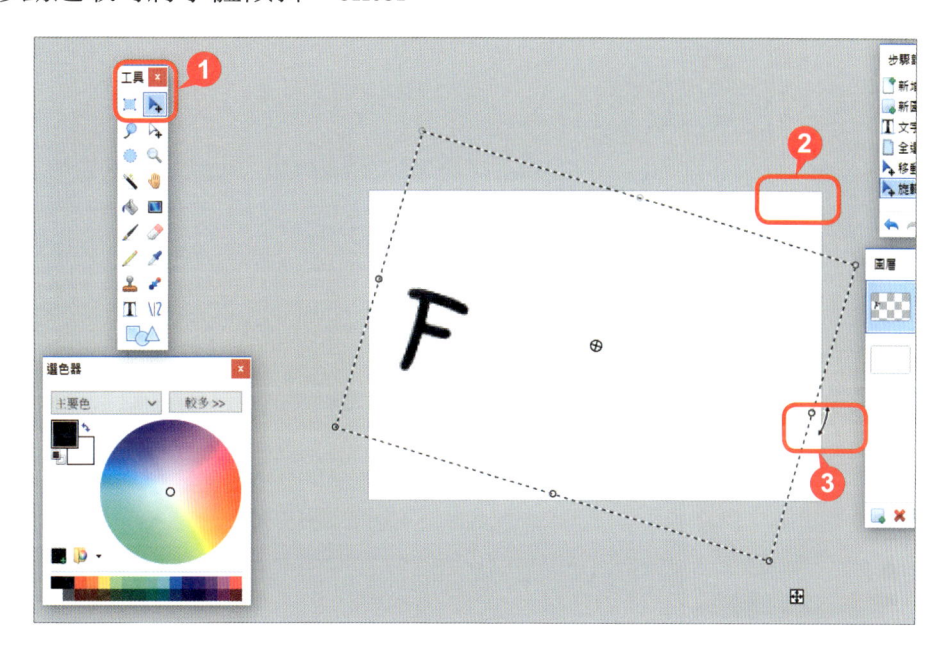

04 加入新圖層-左側【工具列】-【T】-「36」,【選色器】-黑，打入第二個英文字母

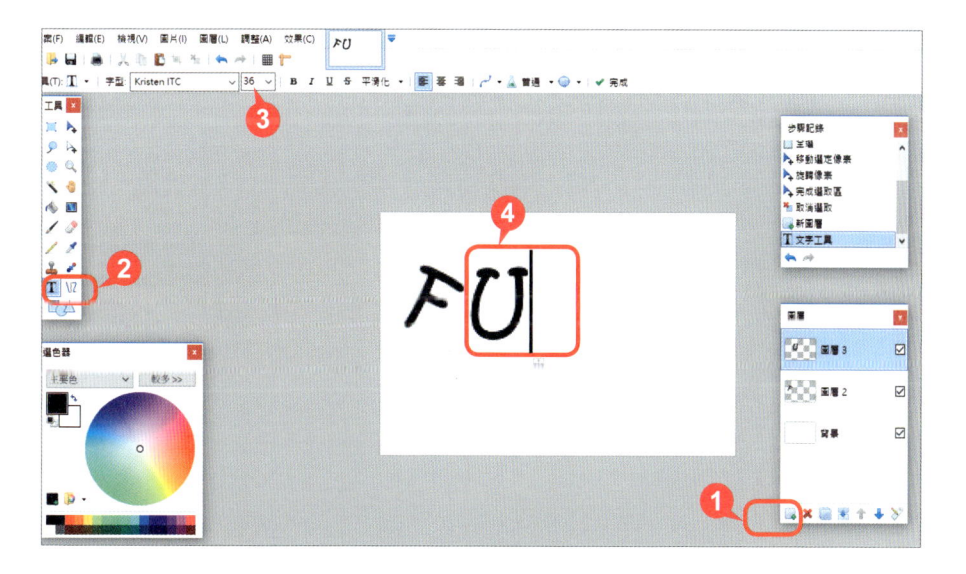

畫出璀璨‧列印夢想－從 3D 列印輕鬆動手玩創意

05 【工具】-【移動】，在白色框內按一下成選取狀，出現雙箭頭時將字體傾斜，在框內上下移動與第一個字母相連，enter

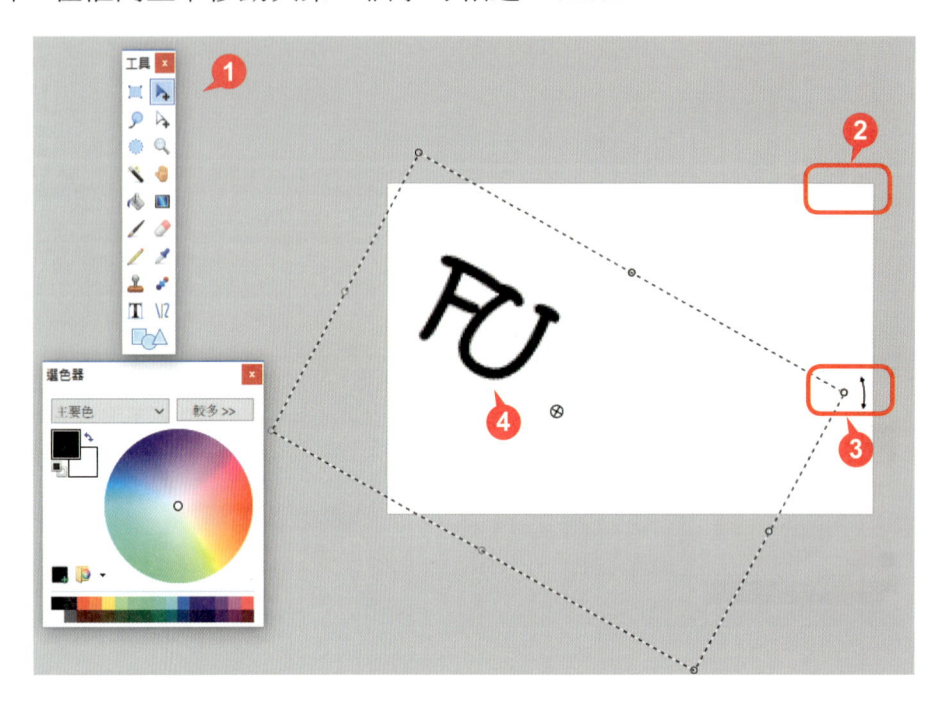

06 加入新圖層-左側【工具】-【T】，打入第三個英文字母

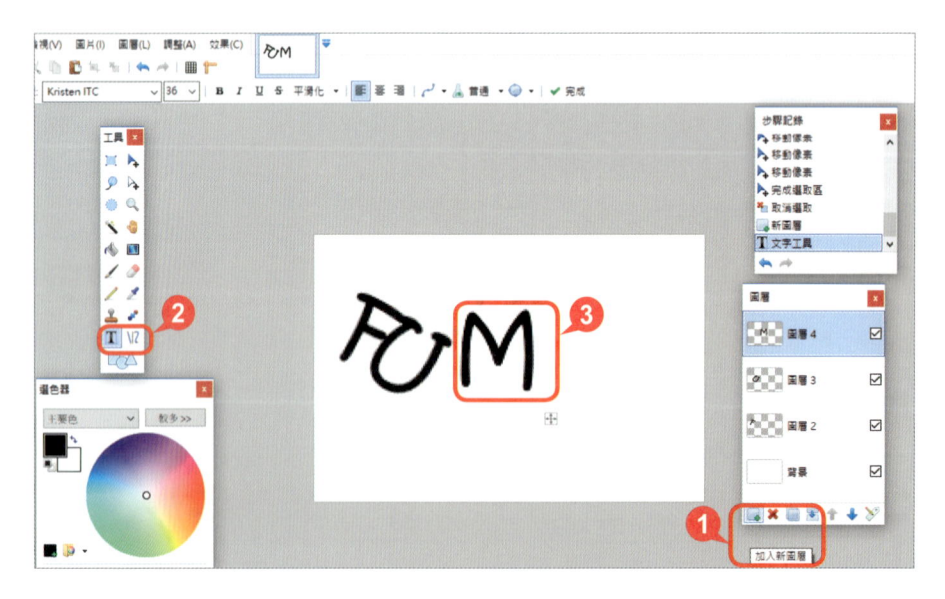

3. 獨一無二的項鍊

07 【工具】-【移動】，在白色框內按一下成選取狀，出現雙箭頭時將字體傾斜，在框內上下移動與第二個字母相連，enter

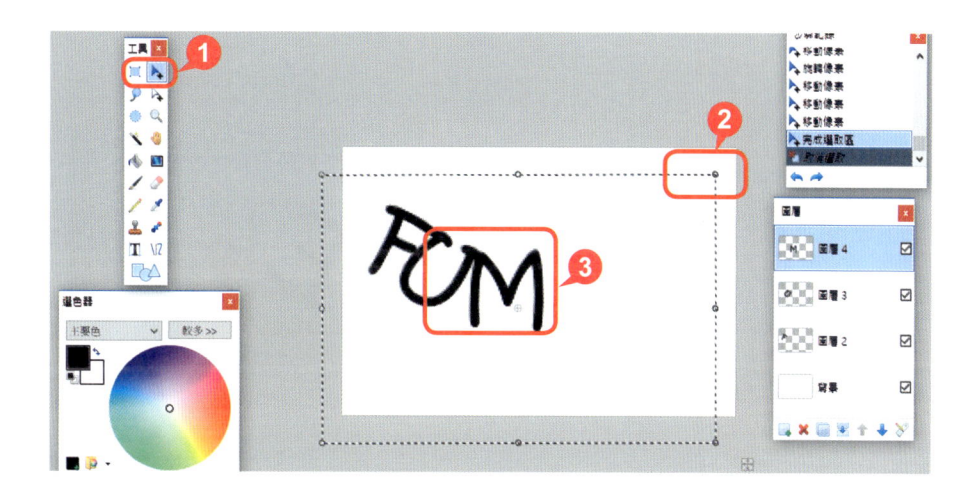

08 加入新圖層-左側【工具】-【T】，打入第四個英文字母

畫出璀璨・列印夢想－從 3D 列印輕鬆動手玩創意

09 將字體傾斜-在框內上下移動與第三個字母相連，enter

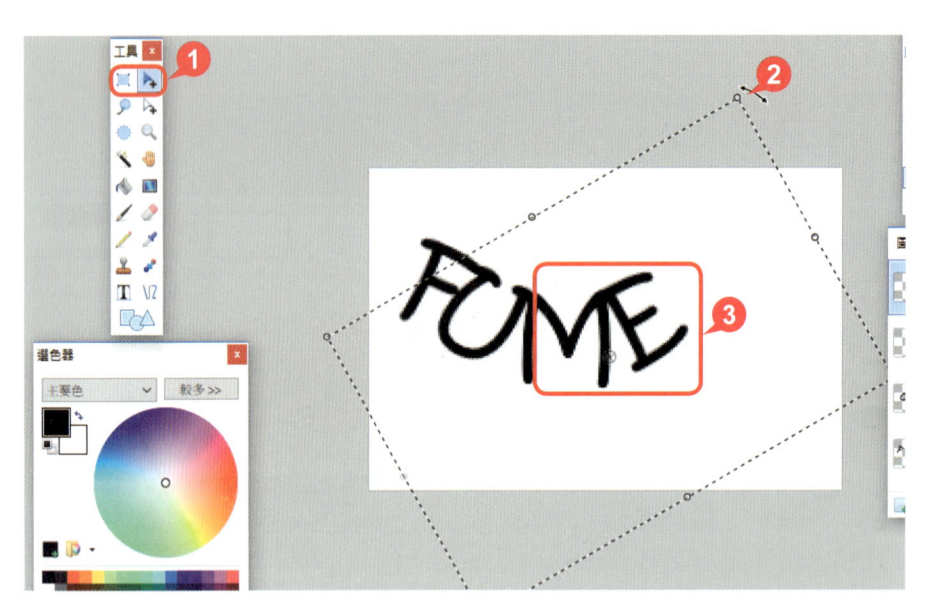

10 加入新圖層-左側【工具】-【T】，打入第五個英文字母

3. 獨一無二的項鍊

11 【工具】-【移動】,在白色框內按一下成選取狀,現雙箭頭時將字體傾斜-在框內上下移動與第四個字母相連,enter

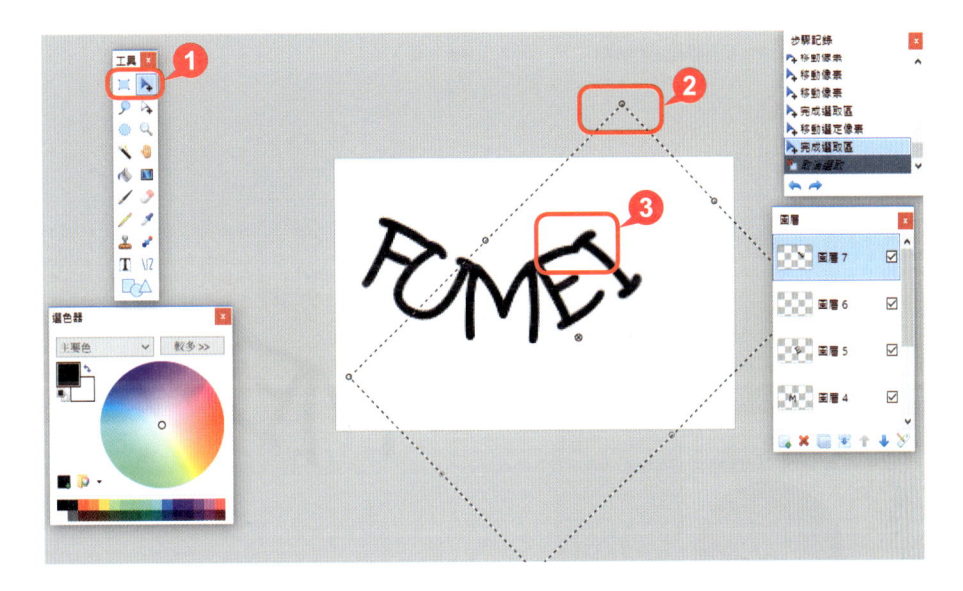

12 加入新圖層-左側【工具】-【圖案】-【橢圓形】-形狀繪製模式-【筆刷】-「5」-【選色器】-黑

13 在第一個英文字上方，畫出一個空心圓，移到適當位置，enter

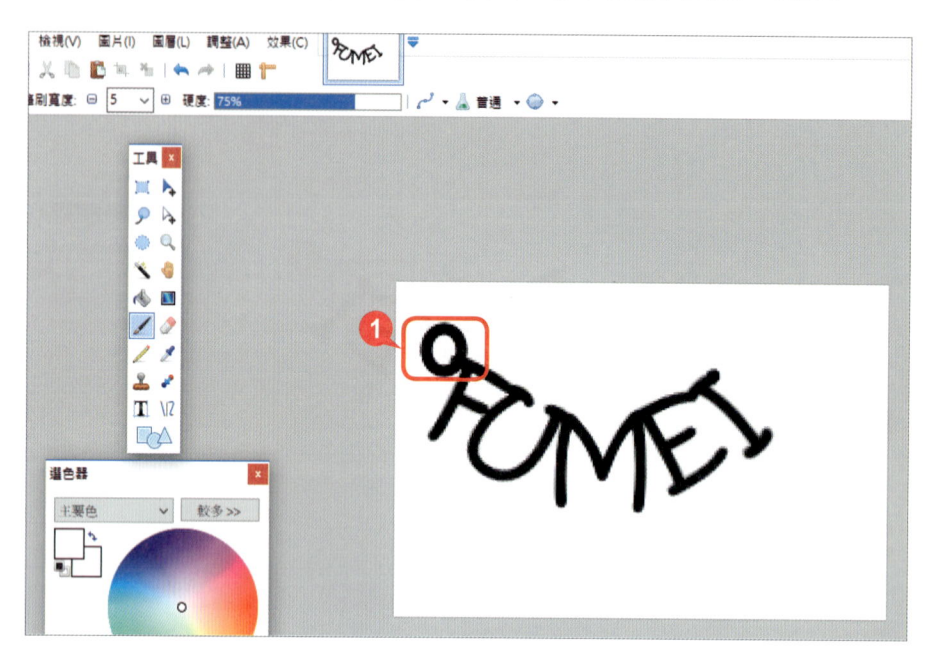

14 在最後一個英文字母上方，畫出一個一樣大小空心圓，移到適當位置，enter

15 【存檔】-【另存新檔】-【存檔類型】-jpg.necklace.jpg

16 【儲存組態】-【確定】

17 按下「影像平面化」，即完成存檔

3. 獨一無二的項鍊

🔲 轉檔軟體操作

(1) 打開Cura縮小畫面，將所存的JPG檔，拉入Cura畫面。
(2) Cura最大化，在跳出的視窗內，填入3×0×( )原訂尺寸。3.00mm是物件最高的部分，底層0是鏤空。
(3) 存檔(SD卡)-file-save
(4) file-save gcode -SDHC(H)-name.gcode(英文或數字檔名)

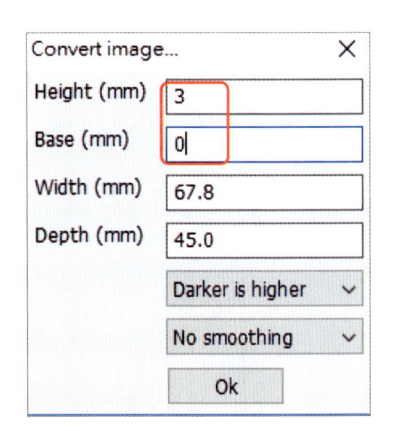

🔲 3D列印步驟：請參考前面4-1節專屬吊牌之範例

畫出璀璨・列印夢想－從 3D 列印輕鬆動手玩創意

4-4 有 feel 的書籤 （Paint.NET）

01 【檔案】-開啟新檔，列印尺寸-「6×10」公分

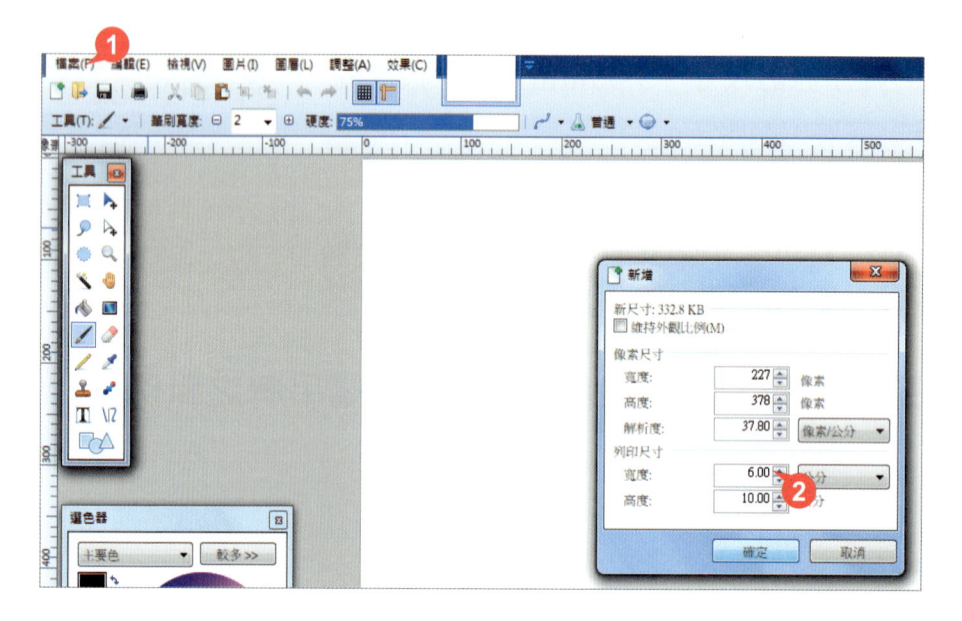

02 【圖案】-【矩形】-【圓角矩形】-繪製形狀外框-【筆刷寬度】-「20」，【選色器】-較多-V-「50」

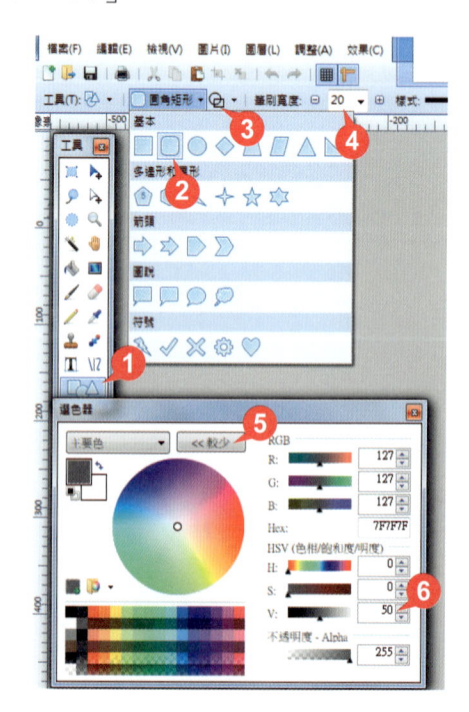

54

4. 有 feel 的書籤

03 畫出灰色空心矩形，選取狀態-調整大小、位置，完成

04 加入新圖層-【矩形】-【圓角矩形】-【填滿形狀】，【選色器】-V-「50」

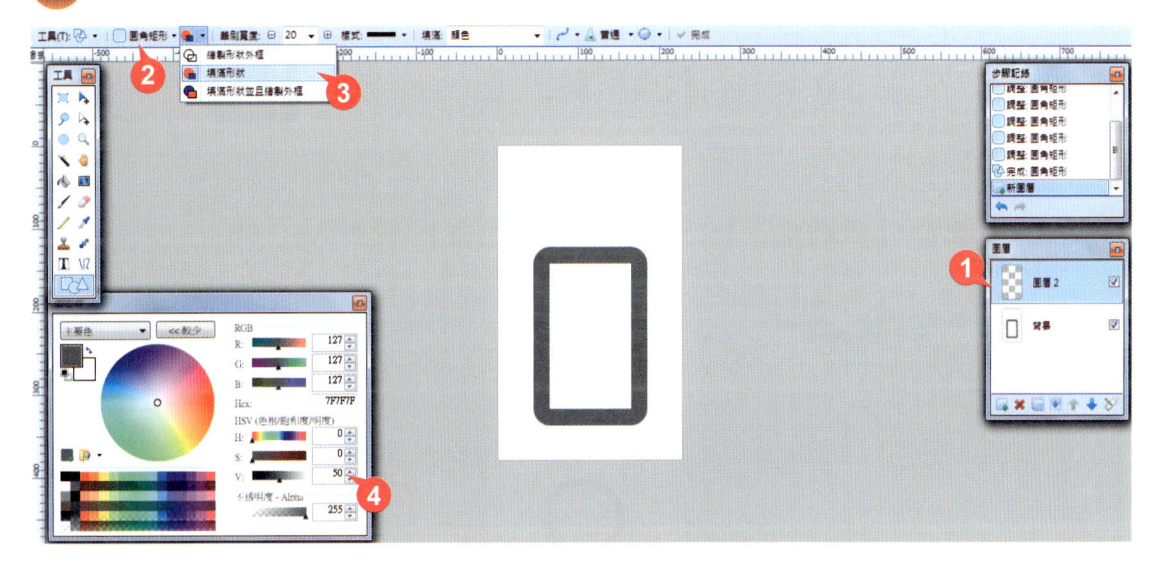

05 在內框中，畫出一個灰色實心矩形，選取狀態下，調整大小、位置，完成

06 加入新圖層-【圓角矩形】-繪製形狀外框-【筆刷寬度】-「10」，【選色器】-較多V-「50」

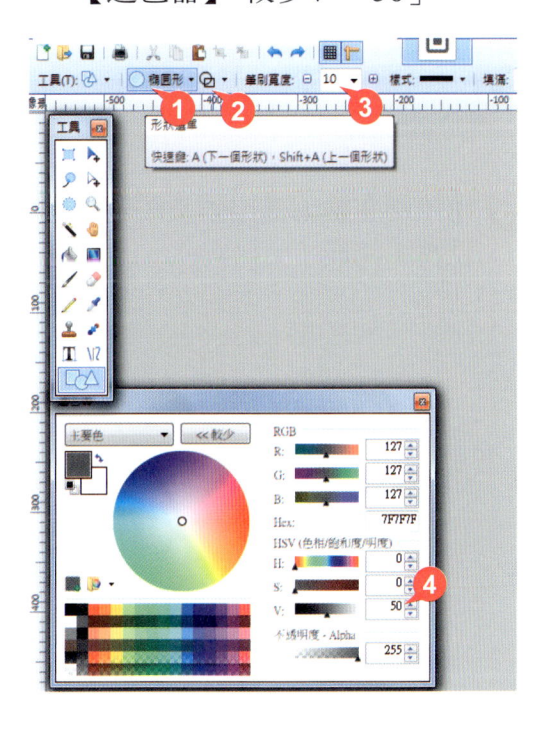

55

07 畫出空心圓臉，選取狀態下-調整大小、位置，完成

08 加入新圖層-【筆刷寬度】-「10」，【選色器】-較多-V-「50」

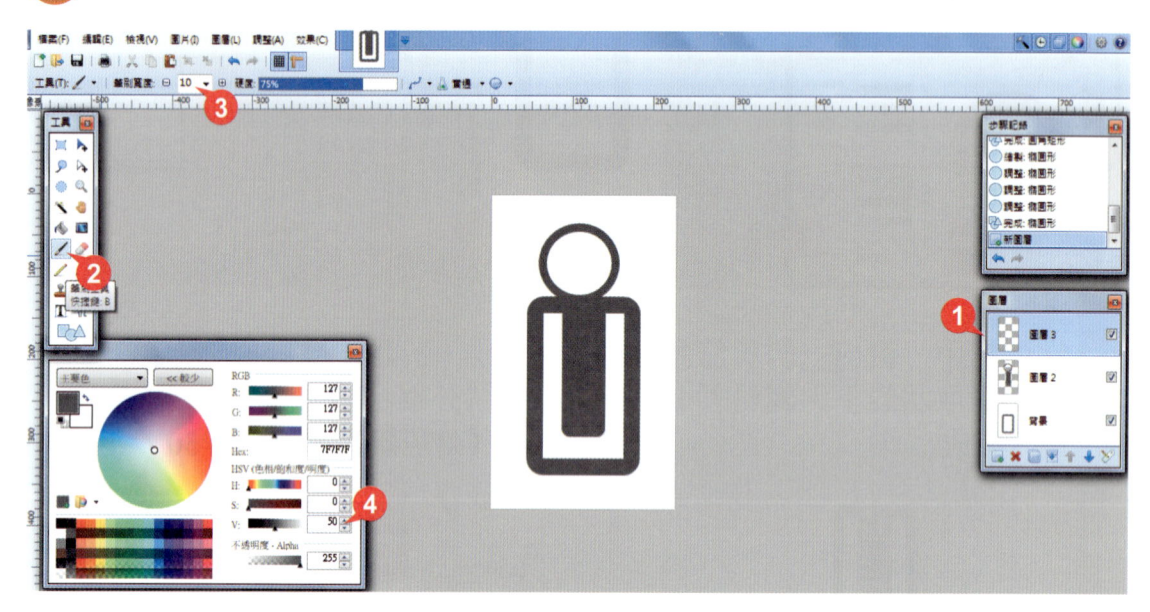

09 用筆刷在臉部畫出眼及頭髮，調整大小、位置，完成

⑩ 加入新圖層-左側【工具】-【T】,【華康娃娃體】-「36」,【選色器】-黑

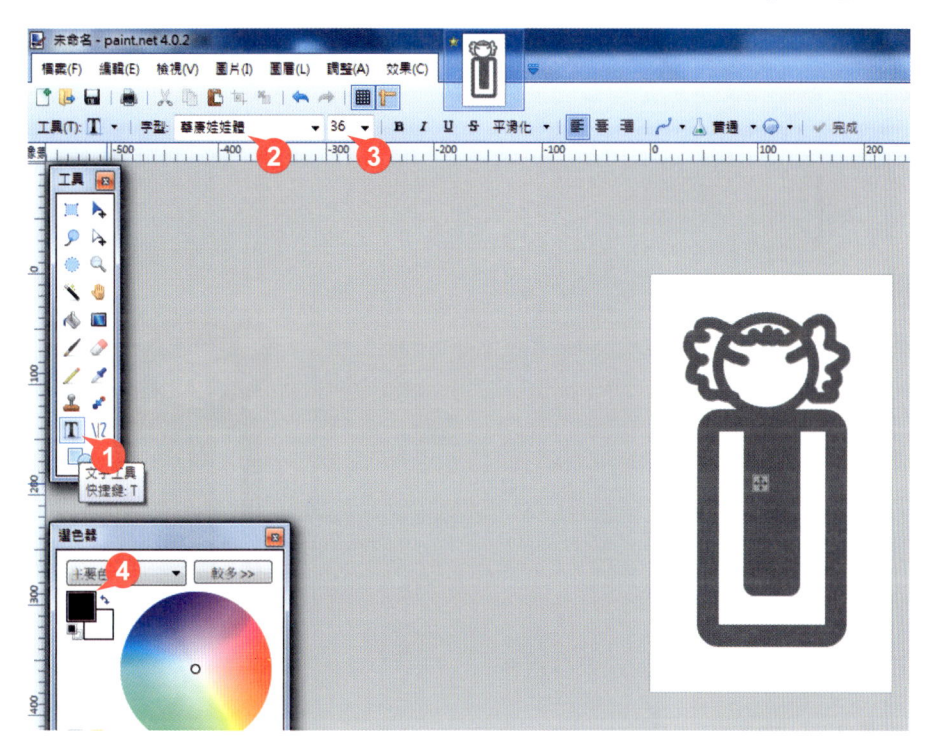

⑪ 打入文字

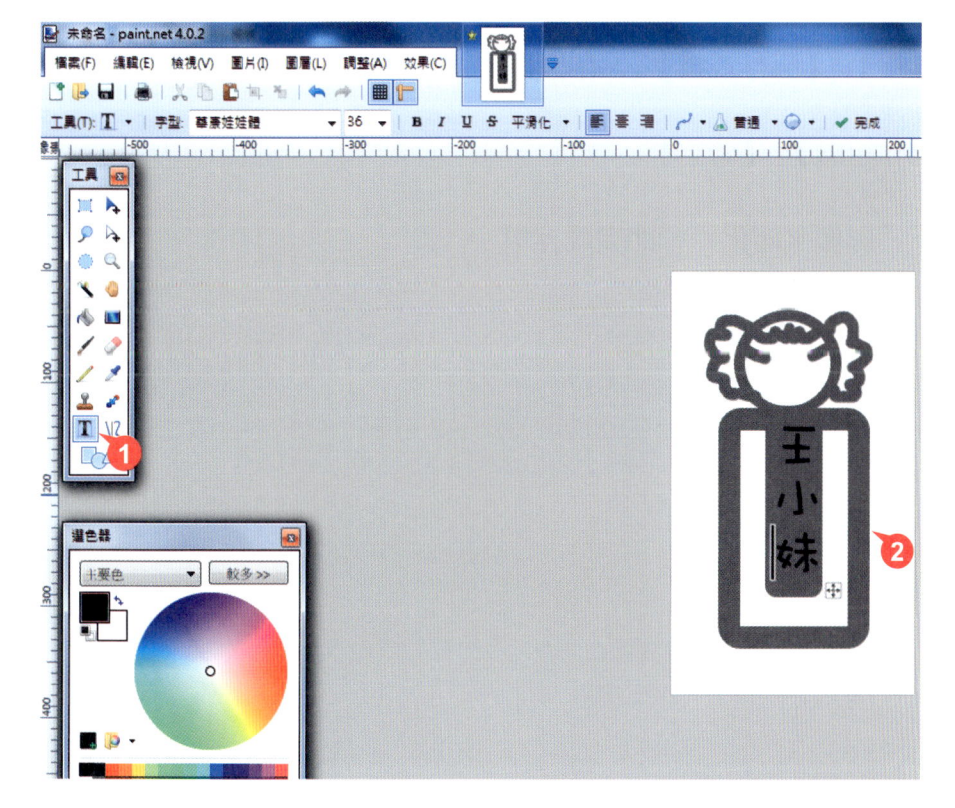

57

⑫ 左側【工具】-移動選定像素，調整位置，【編輯】-取消選取

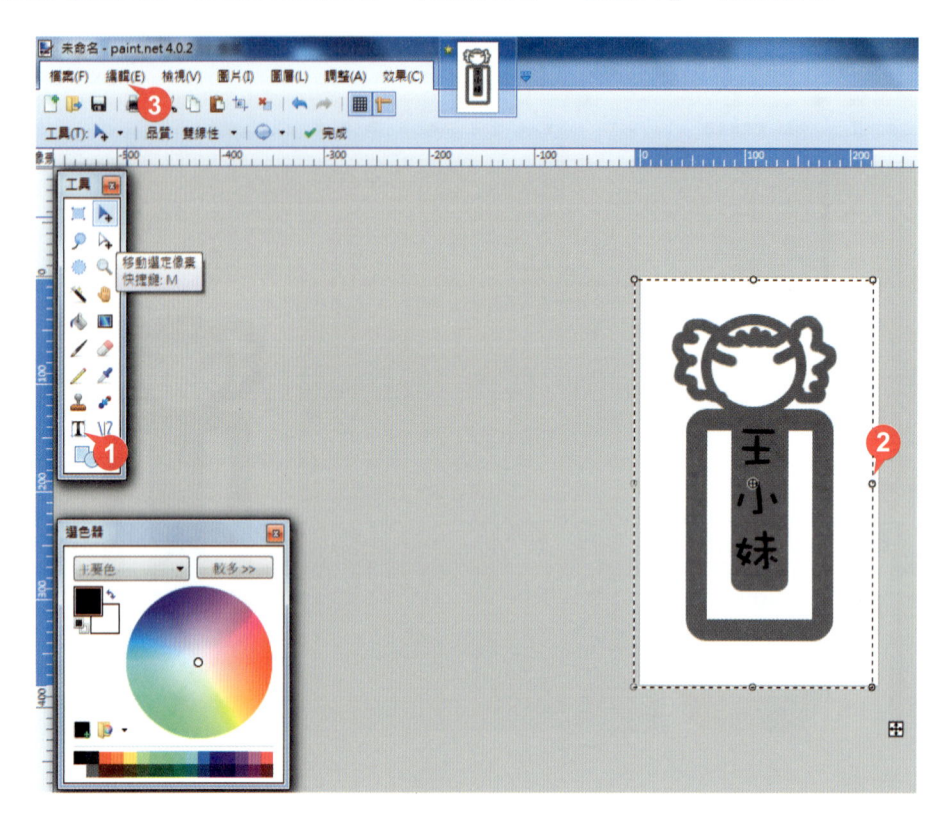

⑬ 【存檔】-【另存新檔】-「存檔類型」-jpg-bookmarks.jpg(英文檔名)

⑭ 【儲存組態】-【確定】

⑮ 按下「影像平面化」，即完成存檔

🎁 轉檔軟體操作

(1) 打開Cura縮小畫面，將桌面所存的jpg檔，拉入Cura畫面。
(2) Cura最大化，在跳出的視窗內，填入3×0×( )原訂尺寸。3.00mm是物件最高的部分，底層0是鏤空。
(3) 存檔(SD卡)-file-save Gcode 。
(4) file-save gcode-SDHC(H)-name.gcode(英文或數字檔名) 。

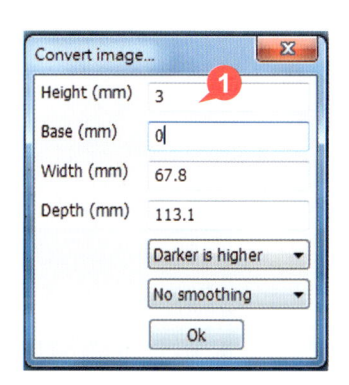

🎁 3D列印步驟：請參考前面4-1節專屬吊牌之範例

4-5 手作壓模 （Paint.NET）

01 【開啟新檔】-「20×20」公分

02 左側【工具】-下方圖案，上方【工具】-【橢圓形】-填滿形狀，【選色器】-較多-V-「80」

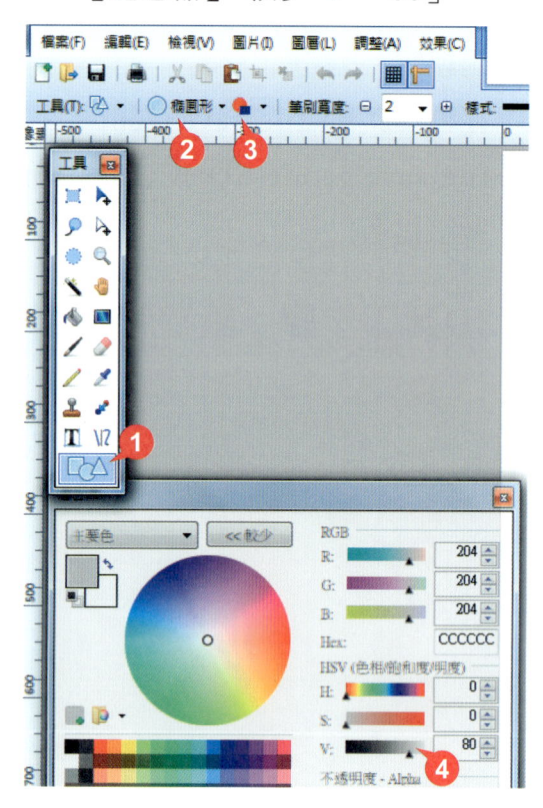

03 從100拉到600成一個灰色大圓形

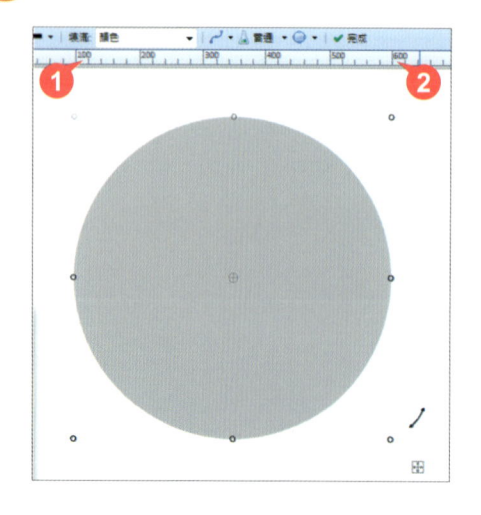

04 加入新圖層2-右下方【圖層框】第一個圖示

5. 手作壓模

05 上方【工具】-【選取圓形】-繪製外框形狀-「30」,【選色器】-較少-黑

06 在灰色圓裡,畫出一個黑空心圓

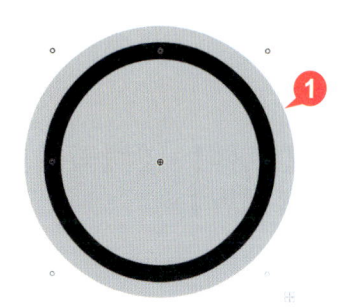

07 左側【工具】-移動鍵盤-調整大小、位置-完成

08 加入新圖層3-上方【工具】-【愛心形狀】-【填滿形狀】,【選色器】-較多-V-「45」

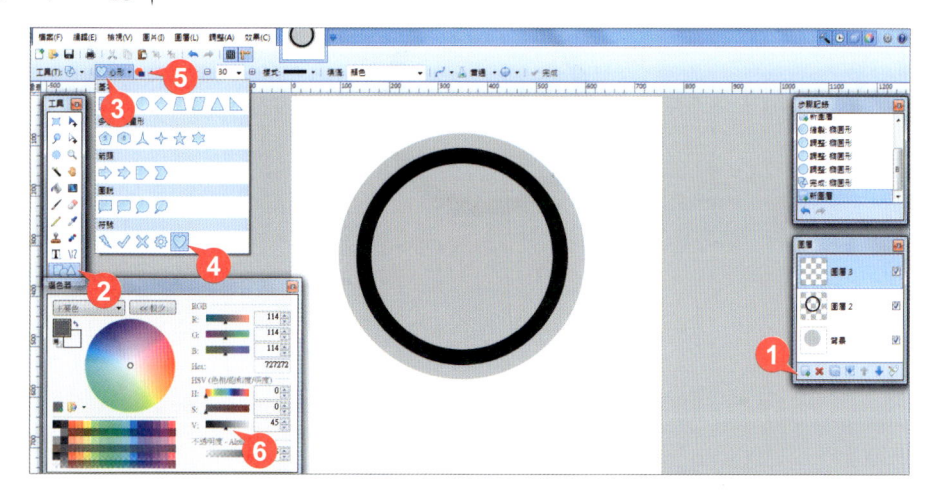

09 空心圓裡畫一個愛心做為眼睛，移動鍵盤-調整大小、位置，完成

10 左側【工具】-【魔術棒】，上方【工具】-第一個選項-取代-【容許度】50%-【圖層】

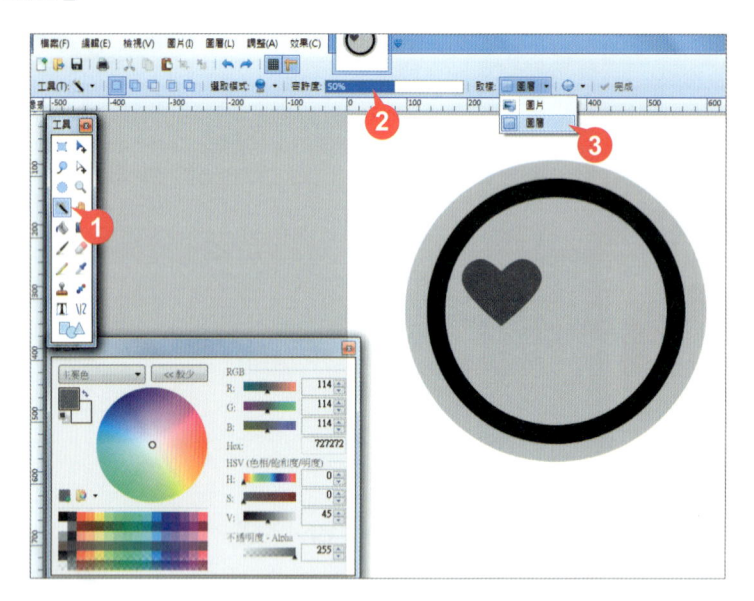

11 右下方【圖層框】-選取圖層3（愛心），左側「工具」-【魔術棒】-選取心形

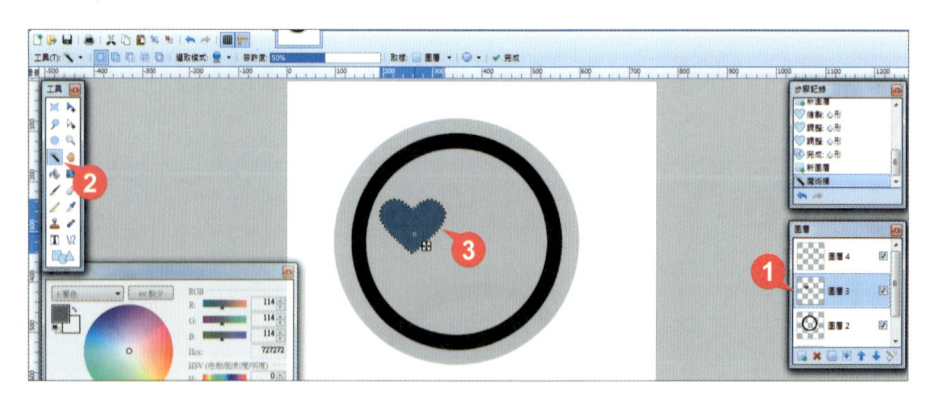

5. 手作壓模

⓬ 【編輯】-【複製】-【貼上】,將愛心眼移到一側適當位置,enter

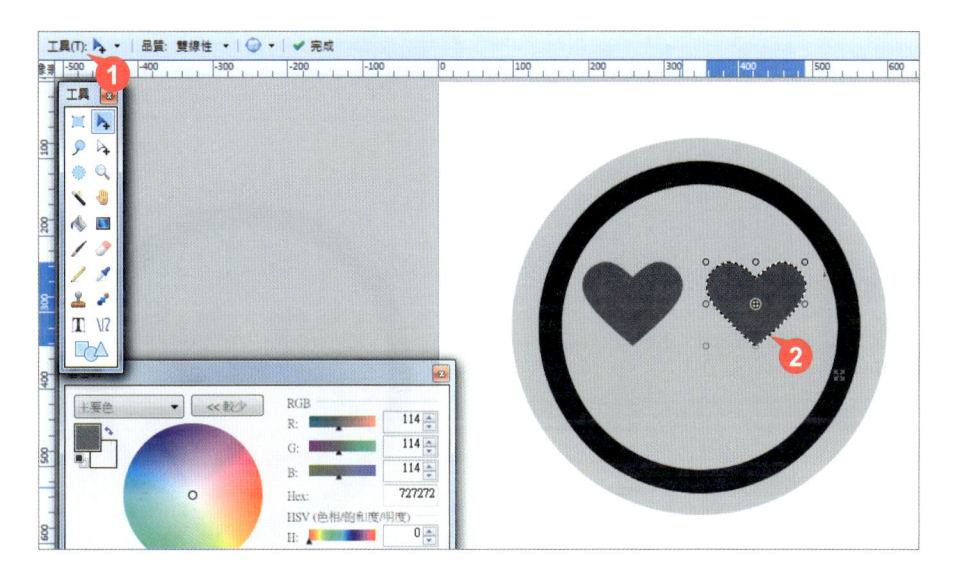

⓭ 加入新圖層5-左側【工具】-【筆刷】,上方【工具】-【筆刷】-「30」,【選色器】-較多-V-「45」

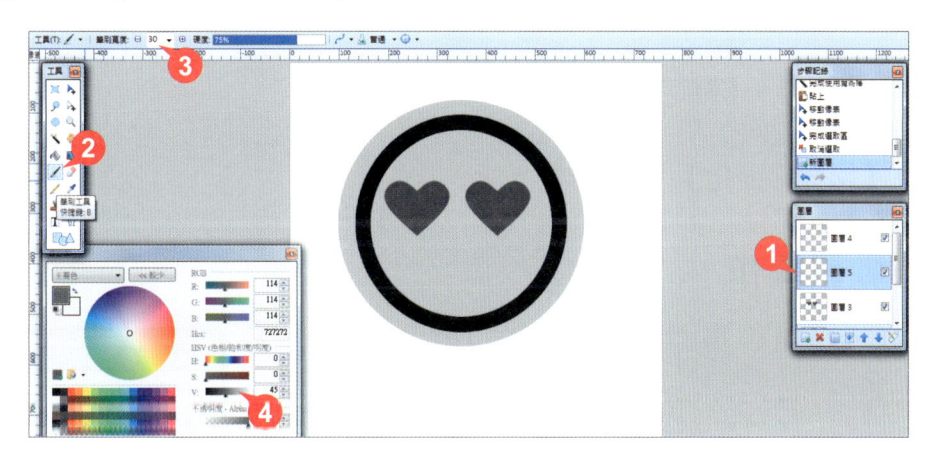

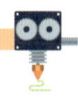

⑭ 【筆刷】畫出微笑嘴形

⑮ 【另存新檔】-【存檔類型】- jpg-stamper.jpg(英文檔名)

⑯ 【儲存組態】-【確定】

⑰ 按下【影像平面化】，即完成

🔷 轉檔軟體操作

(1) 打開Cura縮小畫面，所存的jpg檔，拉入Cura畫面。

(2) Cura極大化，視窗內，填入6×0×( )-以原尺寸呈現。6.00mm是物件最高的部分，0是鏤空。

(3) 存檔(SD卡)--file-save。

(4) file-save gcode--SDHC(H)--name.gcode (英文或數字檔名)

🔷 3D列印步驟：請參考前面4-1節專屬吊牌之範例

6.3D 藝術照

4-6 | 3D 藝術照 （Paint.NET）

01 【開啟舊檔】-匯入解析度佳的照片

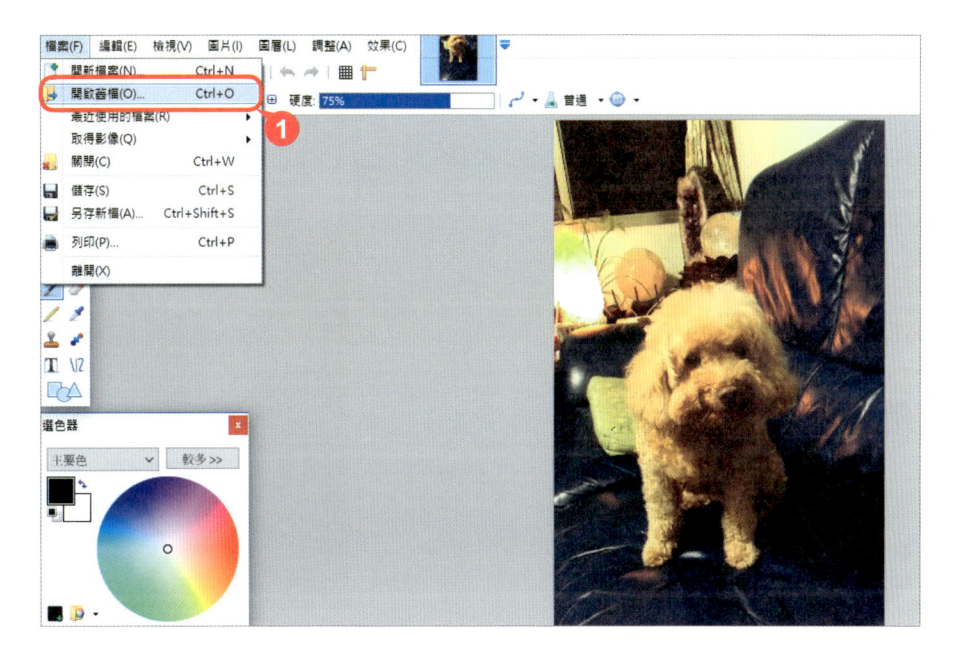

02 【工具】-【矩形選取快捷鍵】

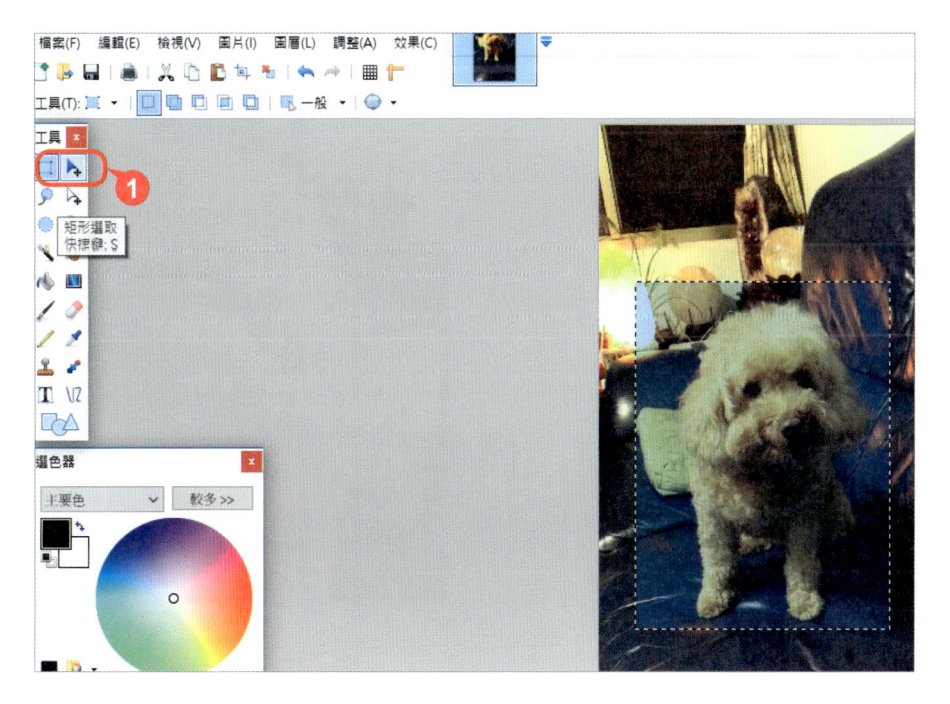

03 上方【工具】-裁切到選取區域，裁剪影像

04 右方【工具】-【套索工具】

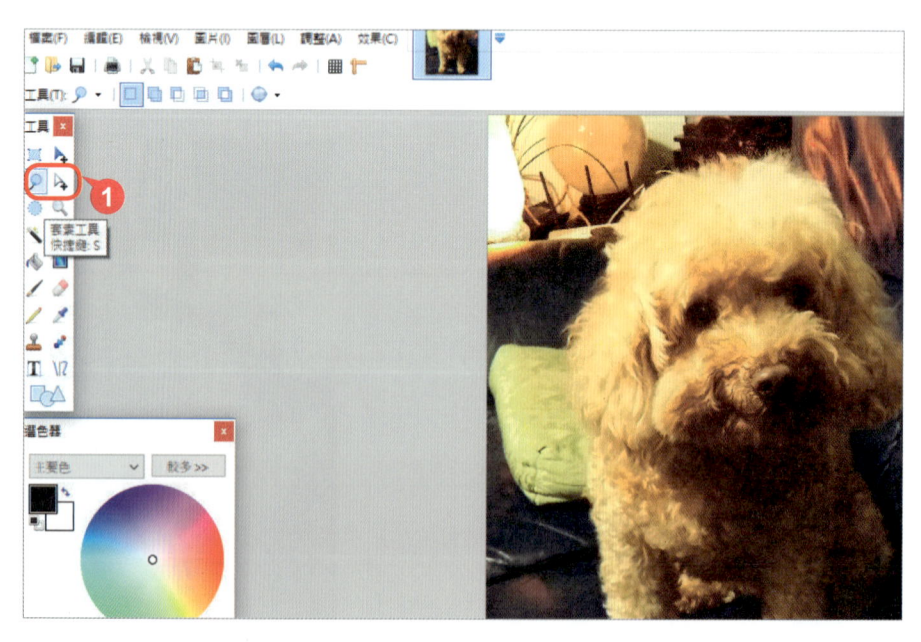

05 上方【工具】-【取代】，選取要保留影像

06 【套索】工具-上方【工具】-【減去】-影像不要的部分

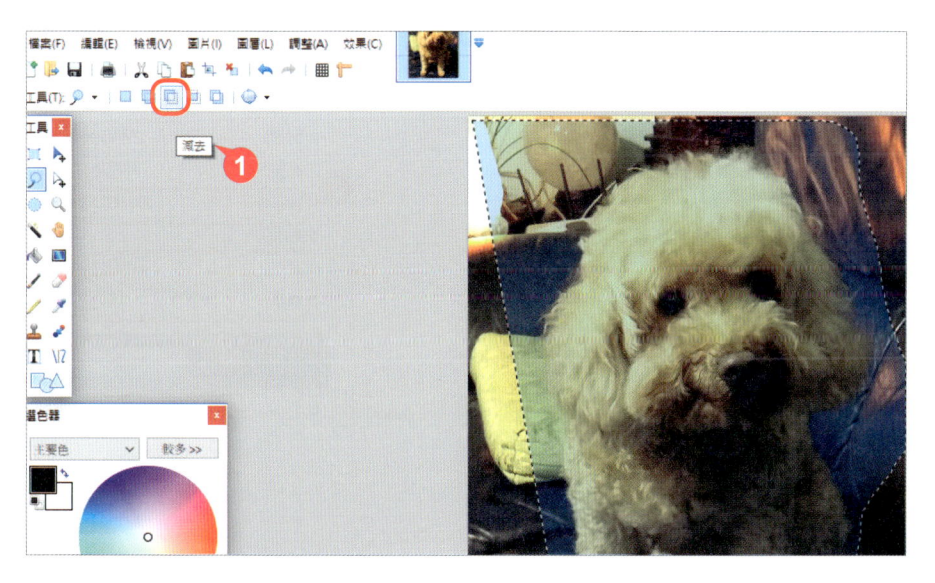

07 逐一去掉不要部分，保留要的影像

08 【檔案】-【開啟新檔】-解析度「300」，【列印尺寸】-「10×10」公分，再新開檔案-加入新圖層

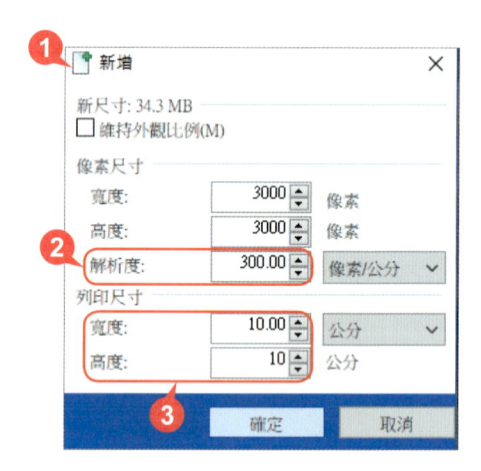

09 選取螢幕最上方-第一個圖檔，選取狀態-「複製」

10 選取螢幕最上方-第二個圖檔-【貼上】

11 【工具】-【移動選定像素】，將圖像移到適當位置，【編輯】-取消選取

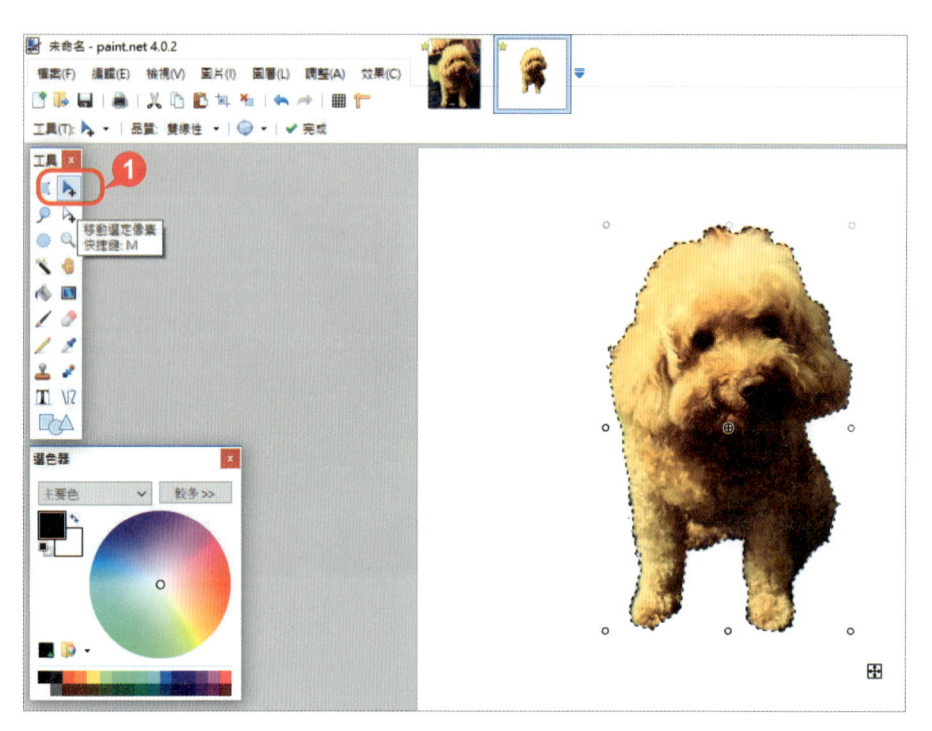

12 加入新圖層-左方【工具】-【T】，選擇字型與大小，打在適當位置

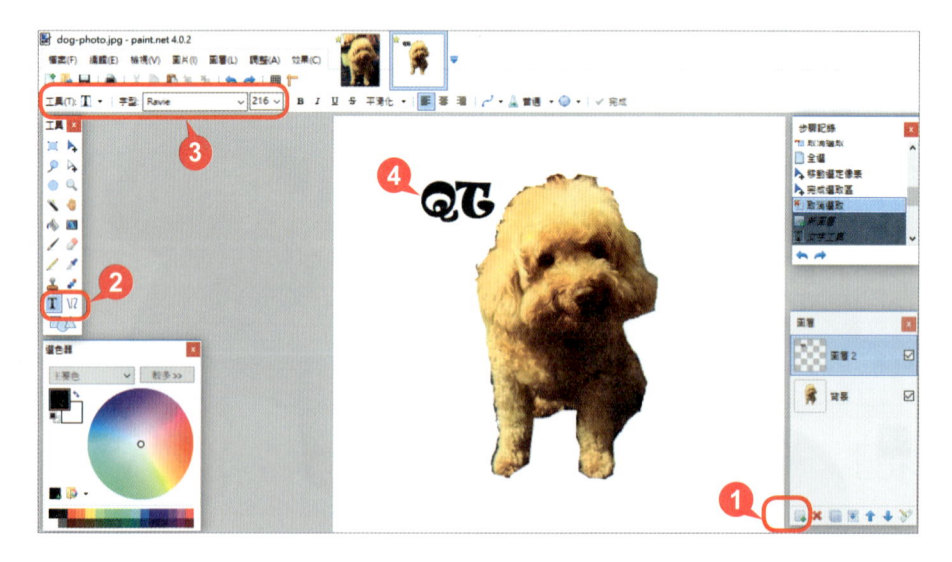

⑬ 再加入新圖層-「T」-打入文字,【移動選定像素】-移到適當位置,enter

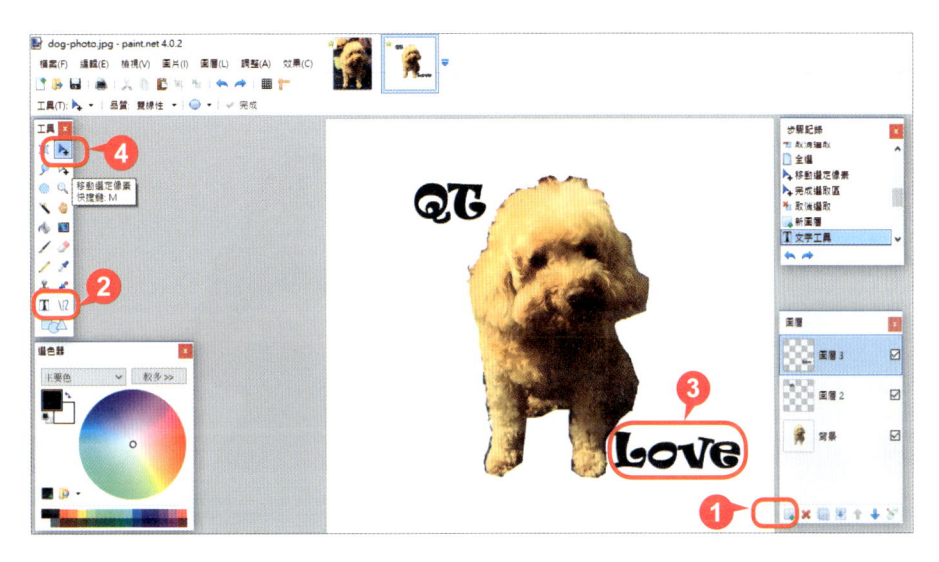

⑭ 【工具】-【矩形選取快捷鍵】,選取要保留畫面

⑮ 上方【工具】-【裁切到選取區域】-裁剪

⑯ 【另存新檔】-【存檔類型】- jpg-stamper.jpg(英文或數字檔名)

⑰ 【儲存組態】-【確定】

⑱ 按下【影像平面化】，即完成

🎁 轉檔軟體操作

(1) 打開Cura縮小畫面，所存的jpg檔，拉入Cura畫面。

(2) Cura極大化，視窗內，填入2×0.5×(　)-以原尺寸呈現。2.00mm是物件最高的部分，0.5是底層。

(3) 存檔(SD卡)--file-Save GCode。

(4) file-save gcode --SDHC(H)--name.gcode(英文或數字檔名)

🎁 3D列印步驟：請參考前面4-1節專屬吊牌之範例

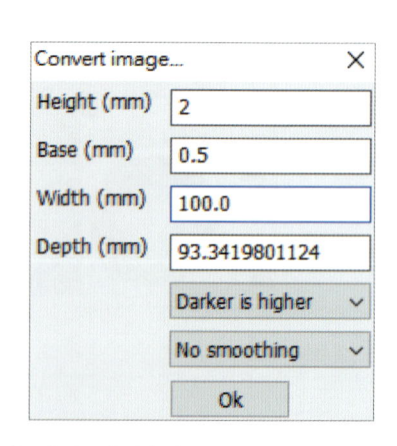

7. 未來感時鐘

4-7 未來感時鐘　（Paint.NET）

01 開新檔案-【新增】-列印尺寸-「15×15」公分

02 左側【工具】-【圖案】，上方【工具】-【矩形】-繪製形狀外框-【筆刷寬度】-「25」，【選色器】-黑

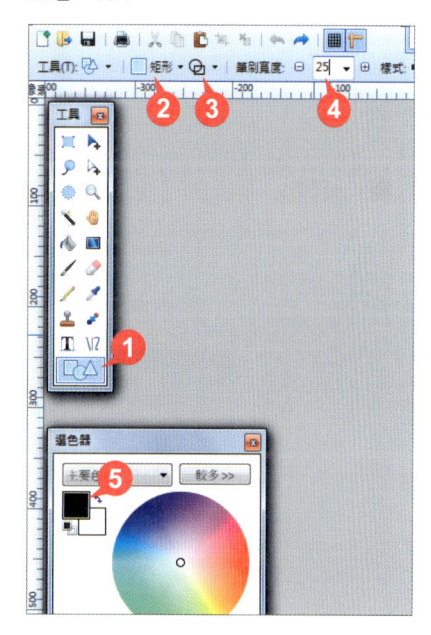

03 根據尺規，從100拉到500畫出黑色空心矩形，選取狀態下，調整大小及位置，完成

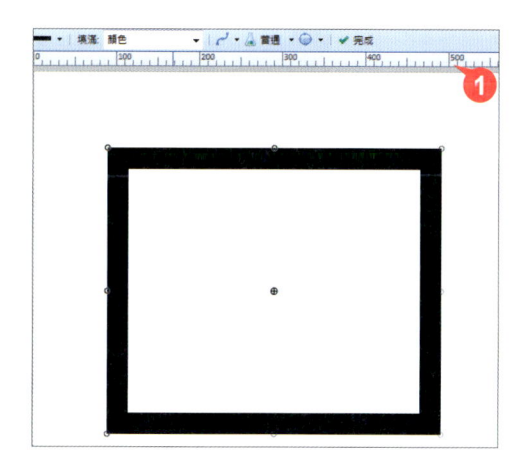

04 加入新圖層，上方【工具】-【矩形】-繪製形狀外框，【筆刷寬度】-「20」-【選色器】-黑

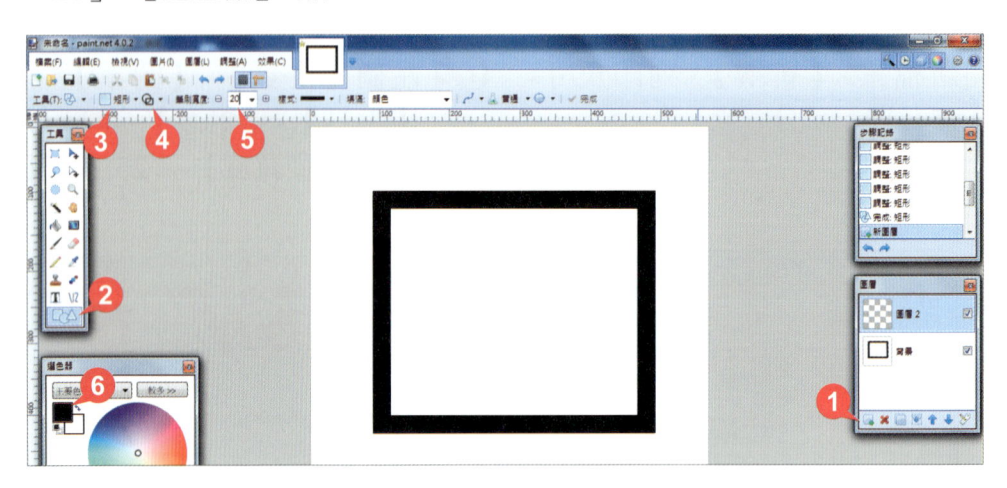

05 畫出另一個小一點的黑空心矩形-寬度「20」

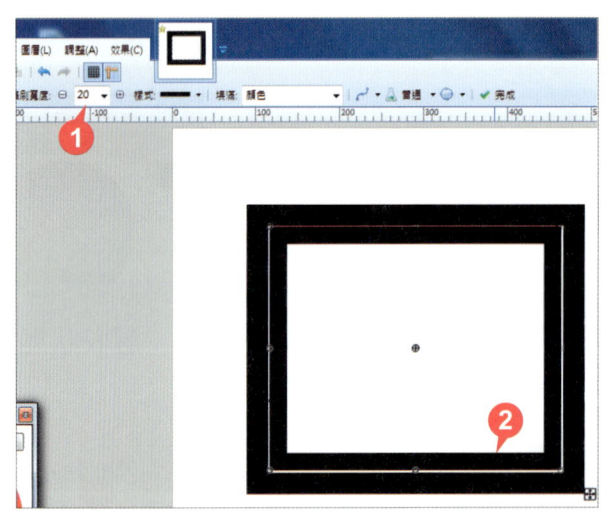

06 選取狀態下，旋轉黑空心矩形。
成菱形，完成

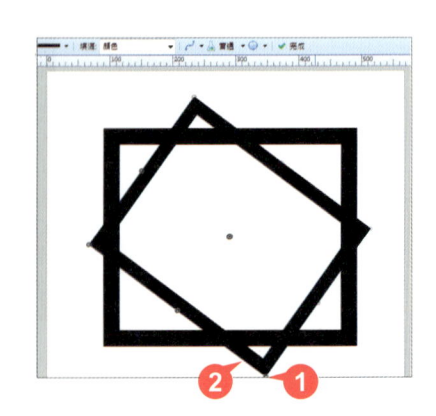

7. 未來感時鐘

07 加入新圖層，畫出更小的空心矩形

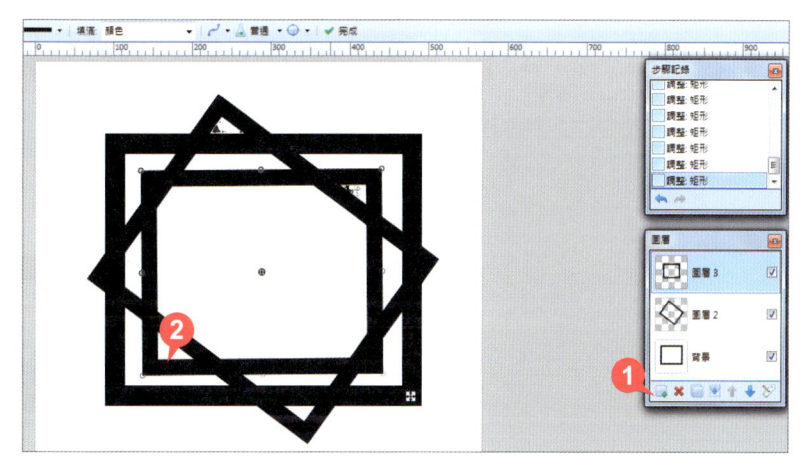

08 選取狀態下，旋轉黑空心矩形。
成菱形，完成

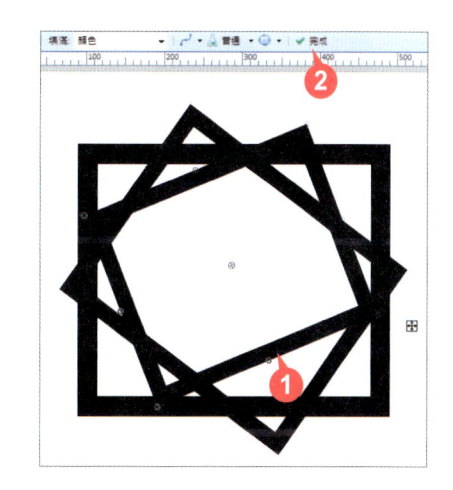

09 加入新圖層，右側【工具】-【油漆桶】，【選色器】-較多-V-「80」

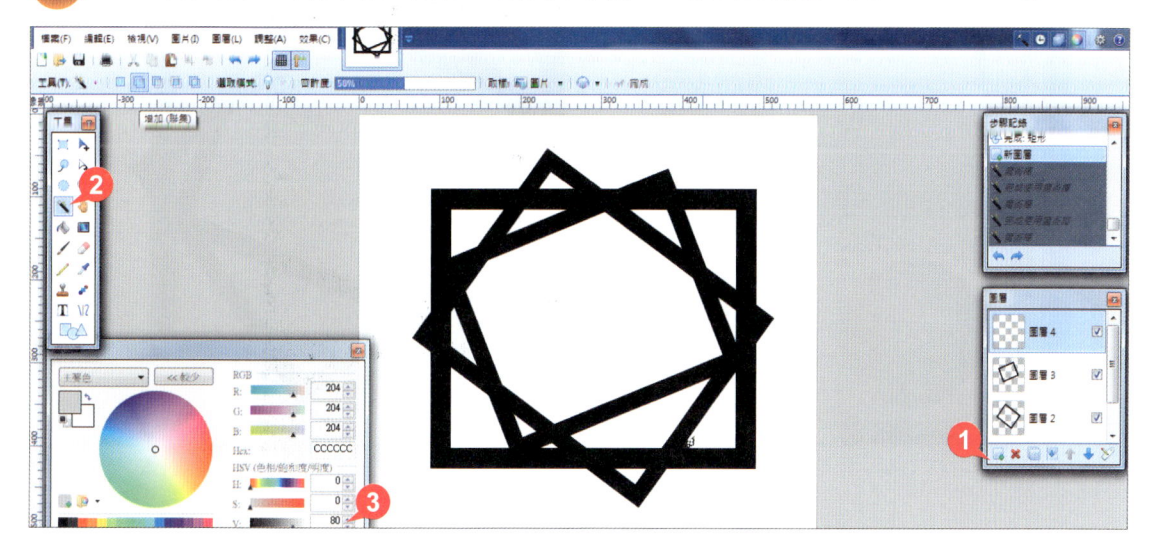

⑩ 左側【工具】-【魔術棒】，上方【工具】-增加-圖片-全部選取

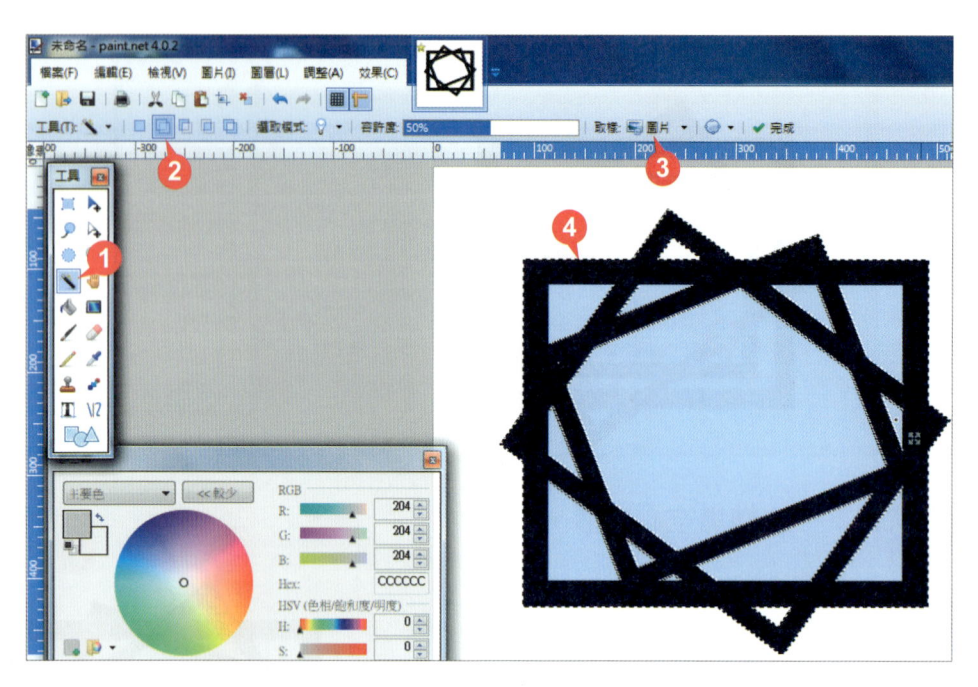

⑪ 黑框內每個部分都選取-左側【工具】-【油漆桶】-倒入灰色-填滿黑框內-每一部分，除了大黑框外的 ❷ ❺ 維持白色

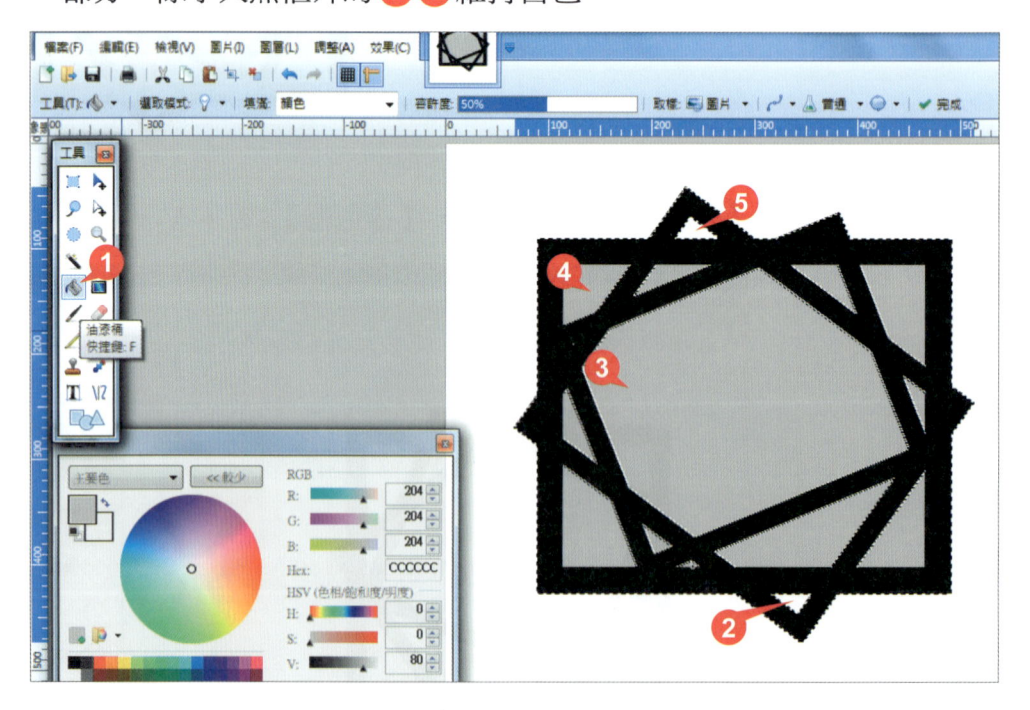

7. 未來感時鐘

12 加入新圖層,左側【工具】-【T】-娃娃體-36,【選色器】-白

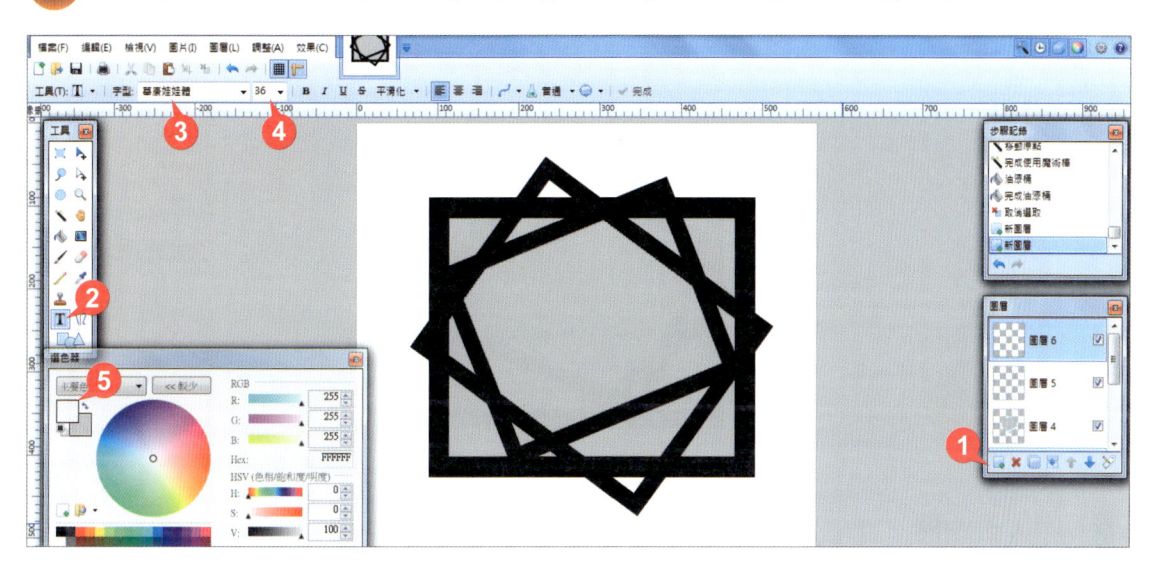

13 左側【工具】-【T】-9,移動選定像素,調整適當位置

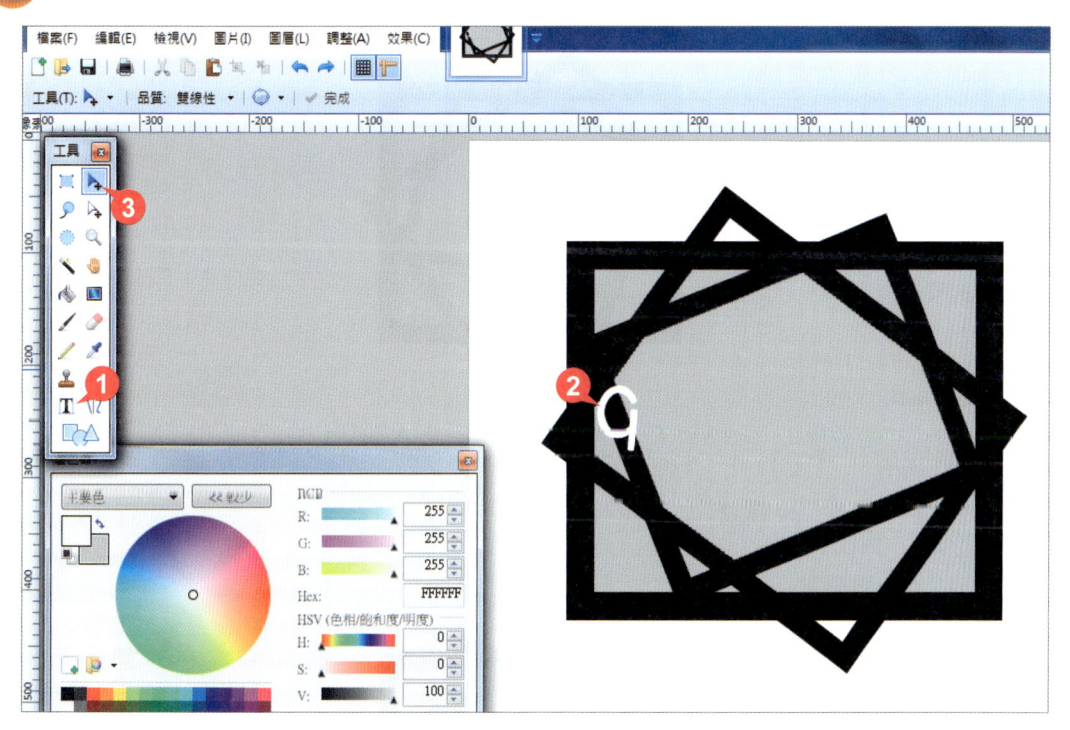

⓮ 加入新圖層，【T】-3，移動選定像素

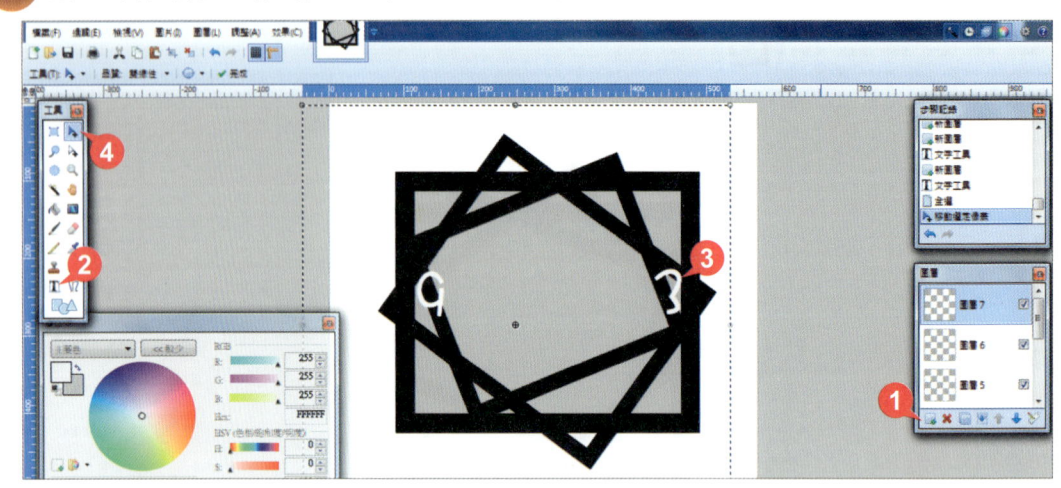

⓯ 加入新圖層，【T】-6，移動選定像素，調整適當位置

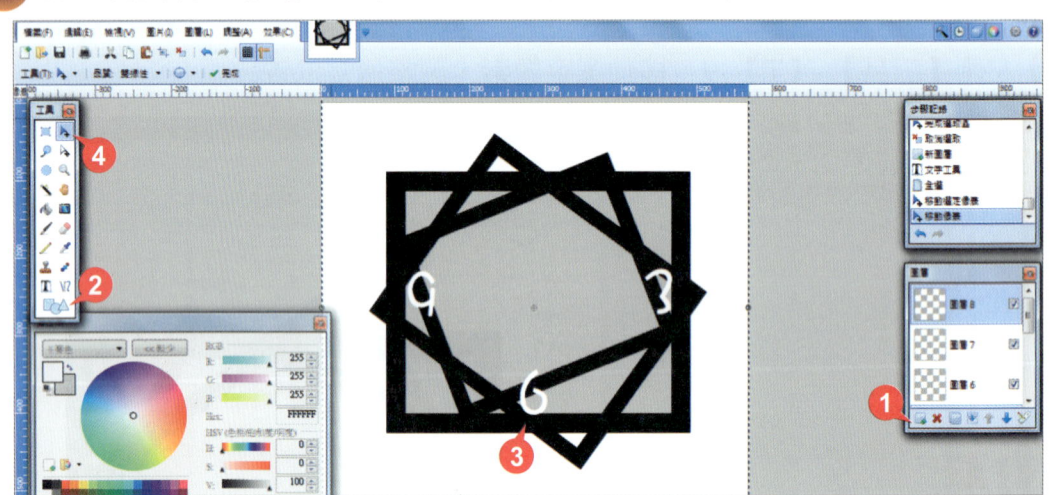

⓰ 加入新圖層，【T】-1，移動選定像素

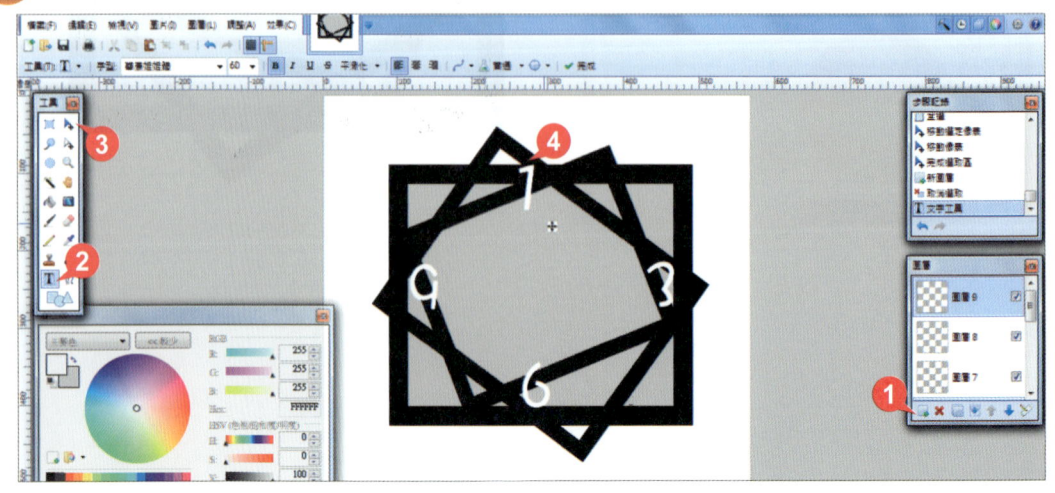

7. 未來感時鐘

17 加入新圖層，【T】-12，移動選定像素，調整適當位置

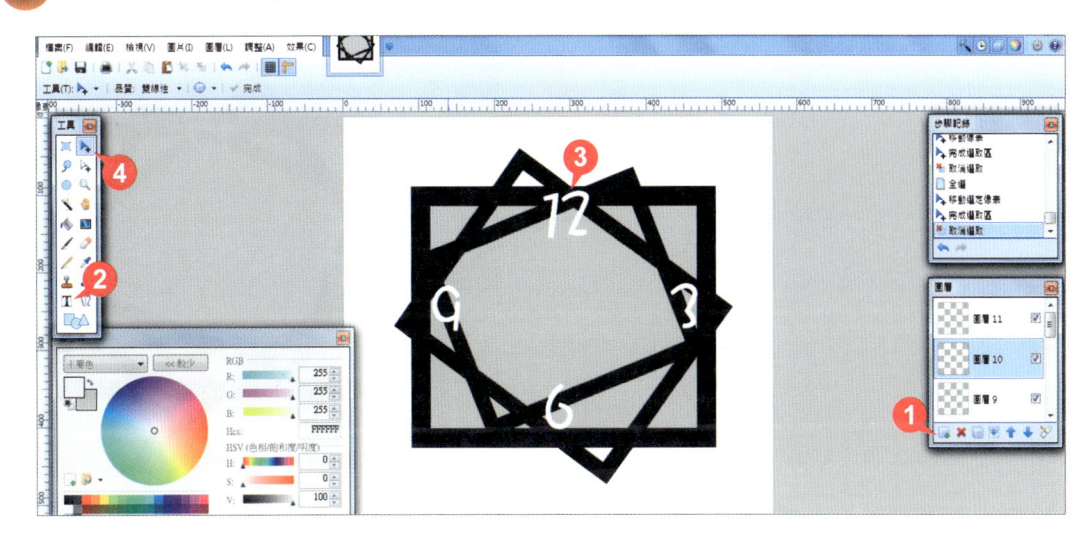

18 加入新圖層，左側【工具】-【圖案】-上方-【工具】-【橢圓形】-填滿形狀，【選色器】-白

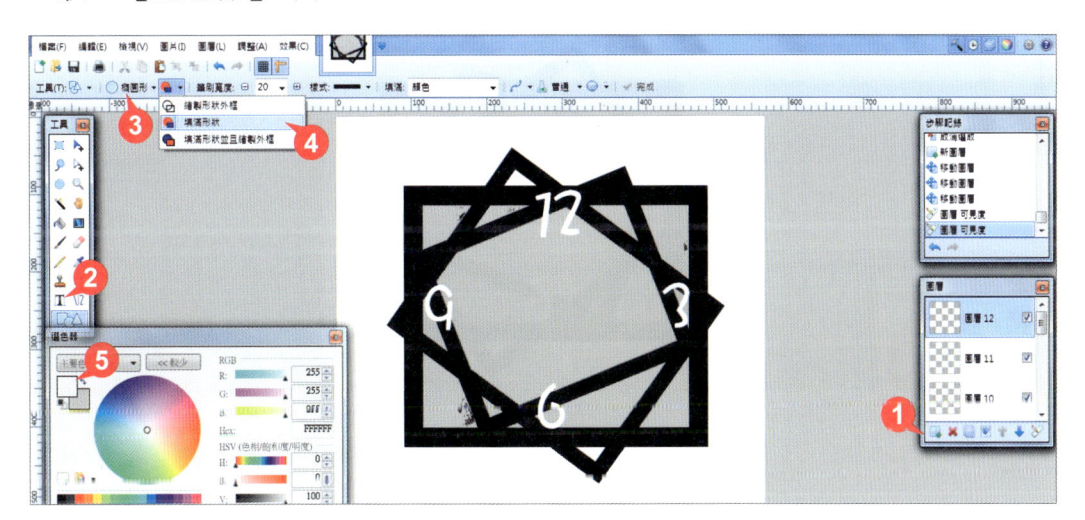

19 在中心點畫白實心圓（裝機心用）鍵盤上下左右微調位置，完成

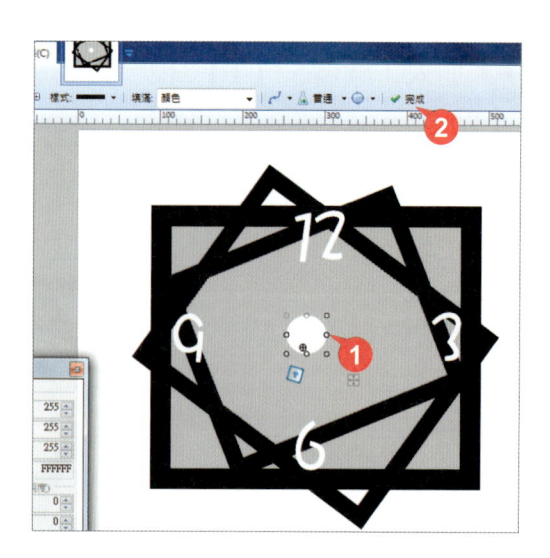

20 加入新圖層，上方【工具】-【橢圓形】-繪製形狀外框-【筆刷寬度】-「15」，【選色器】-黑

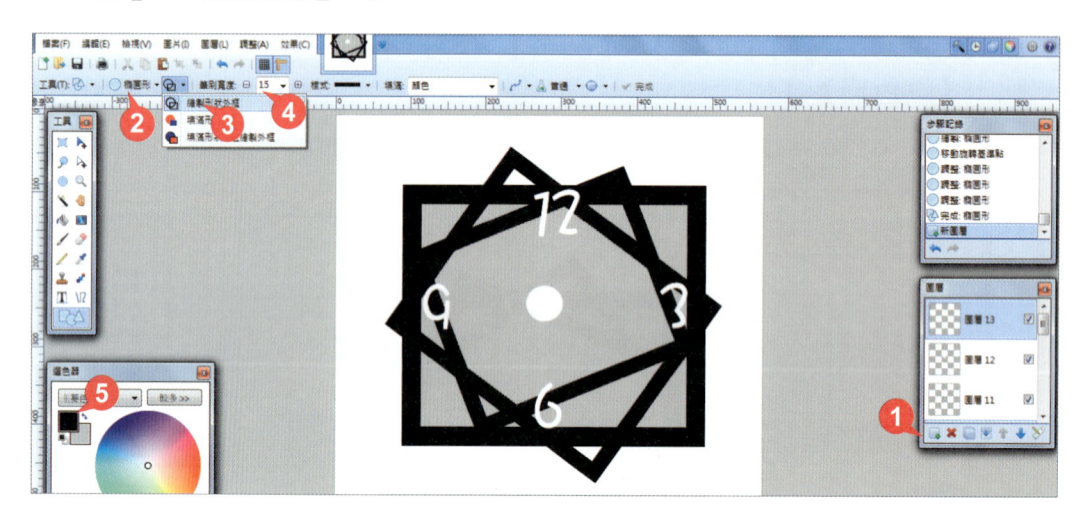

7. 未來感時鐘

㉑ 在12上方畫出一個空心（掛勾用），鍵盤上下左右微調位置，完成

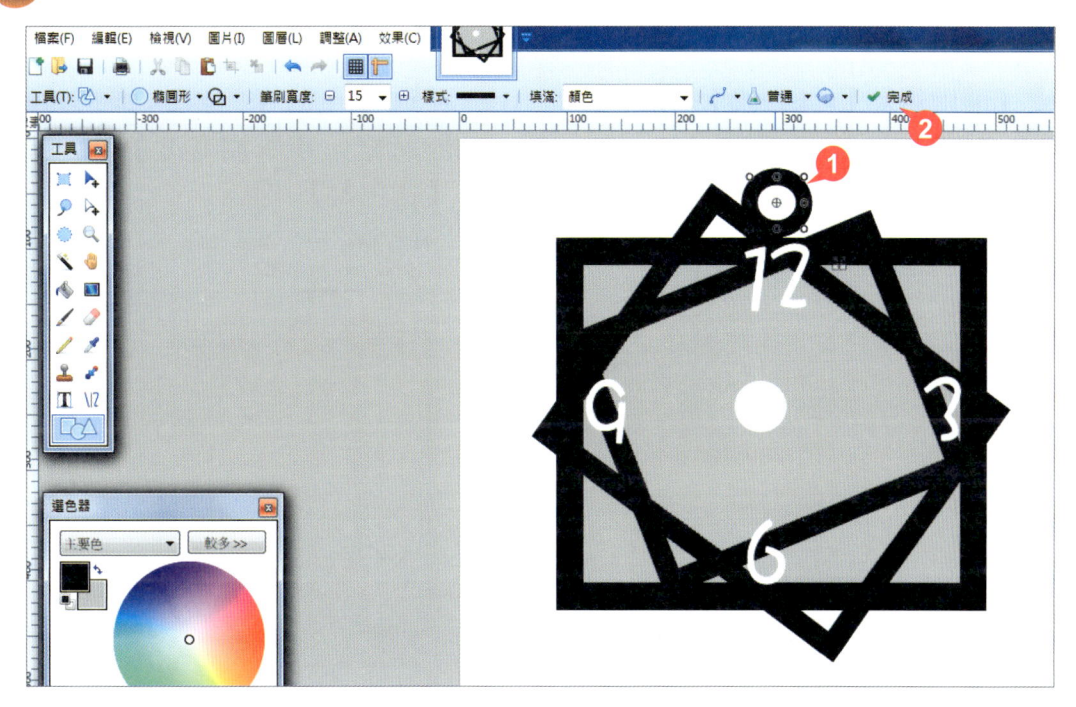

㉒ 【存檔】-【另存新檔】-【存檔類型】- jpg-oclock.jpg(英文檔名)

㉓ 【儲存組態】-【確定】

㉔ 【影像平面化】，完成

🔷 轉檔軟體操作

(1) 打開Cura，縮小畫面，將桌面所存的jpg檔，拉入Cura
(2) Cura最大化，在跳出的視窗內，填入3×0×( )原訂尺寸。3.00mm是物件最高的部分，0是鏤空。
(3) 存檔(SD卡)--file-save Gcode。
(4) file-save gcode--SDHC(H)--name.gcode(英文或數字檔名)

🔷 3D列印步驟：請參考前面4-1節專屬吊牌之範例

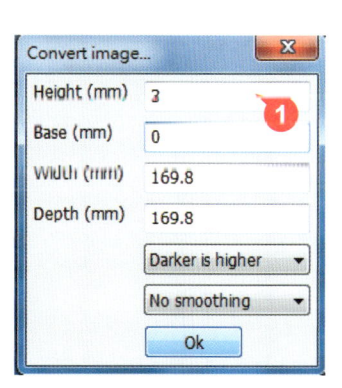

4-8 動物拼圖 （Paint.NET）

01 【開啟新檔】-【新增】-列印尺寸「10×6」公分

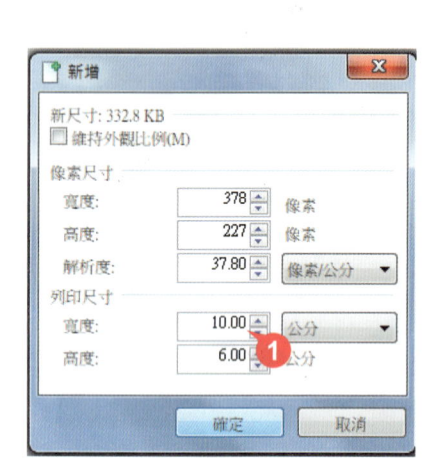

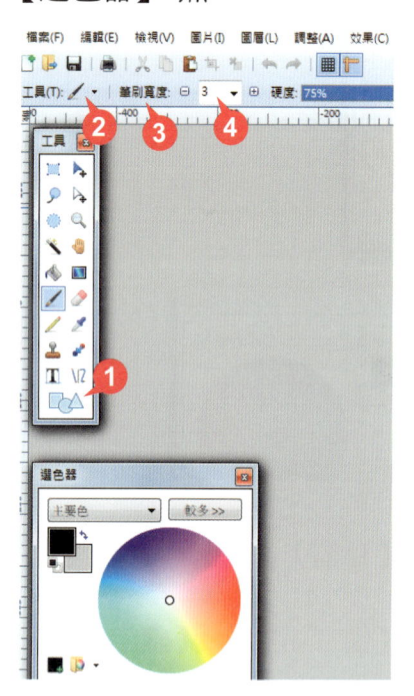

02 左側【工具】-圖案-矩形-繪製形狀框,【筆刷寬度】-「3」,【選色器】-黑

03 【筆刷】畫出一隻鱷魚外形（不畫腳及眼睛）

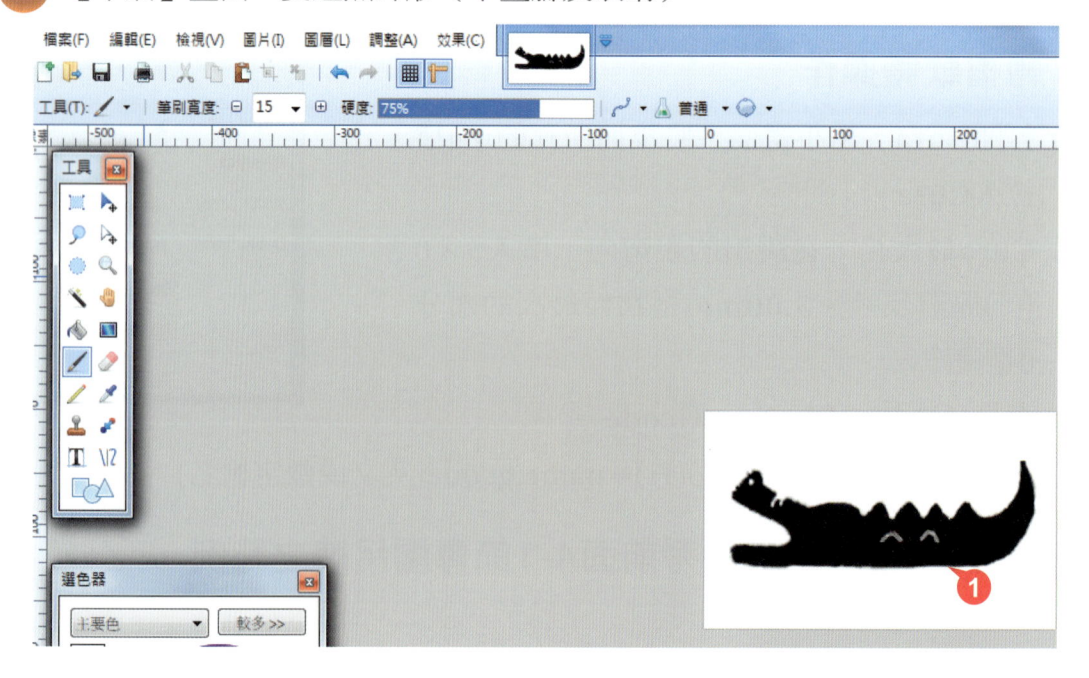

8. 動物拼圖

04 加入新圖層-【筆刷】-「12」,【選色器】-黑

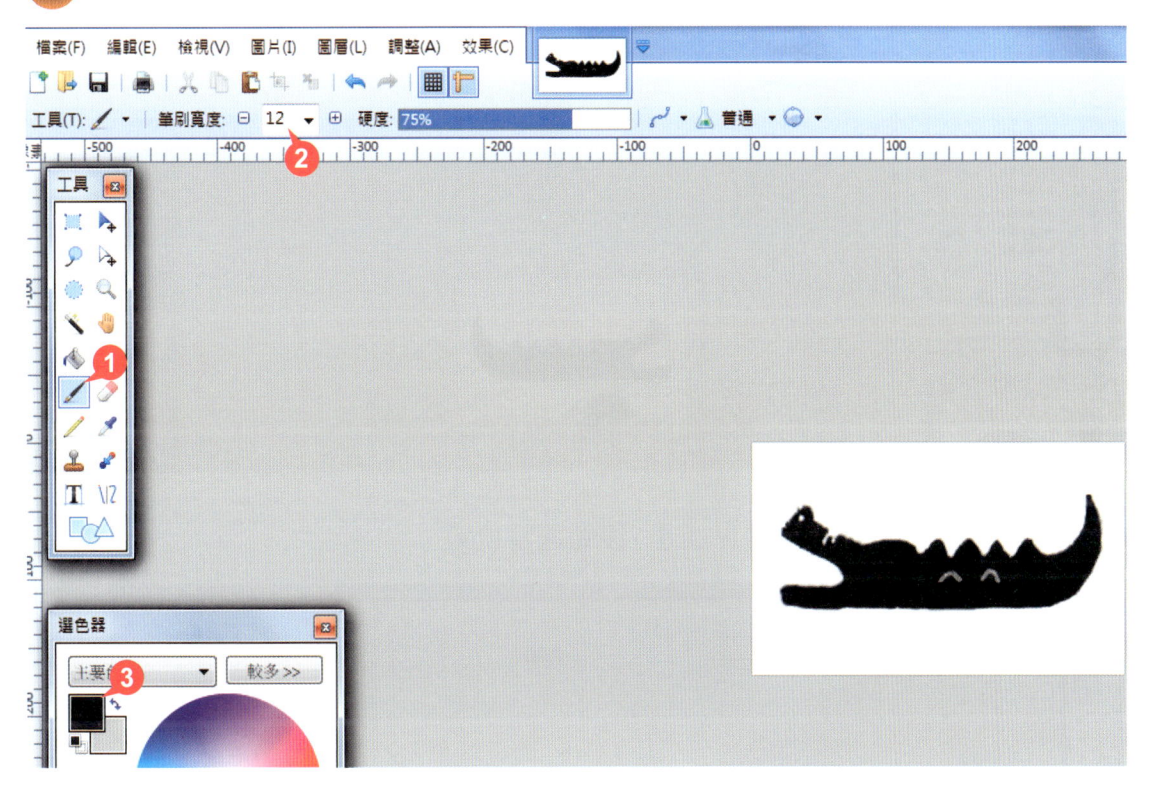

05 在鱷魚身體下方畫出鱷魚腳

06 加入新圖層-左側【工具】-【魔術棒】,上方【工具】-【增加】-圖層

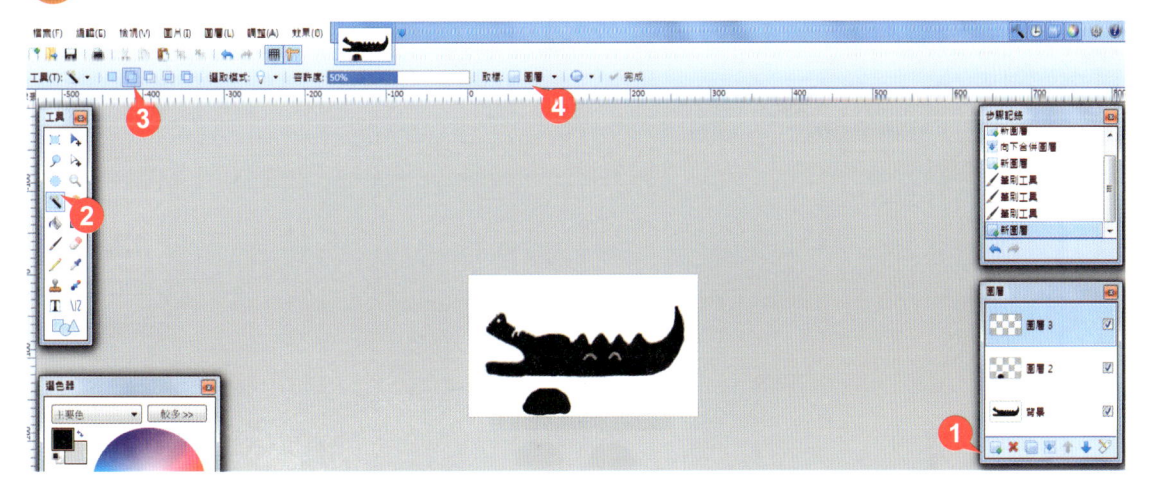

畫出璀璨‧列印夢想－從 3D 列印輕鬆動手玩創意

07 選取圖層2-鱷魚腳，【編輯】-【複製】

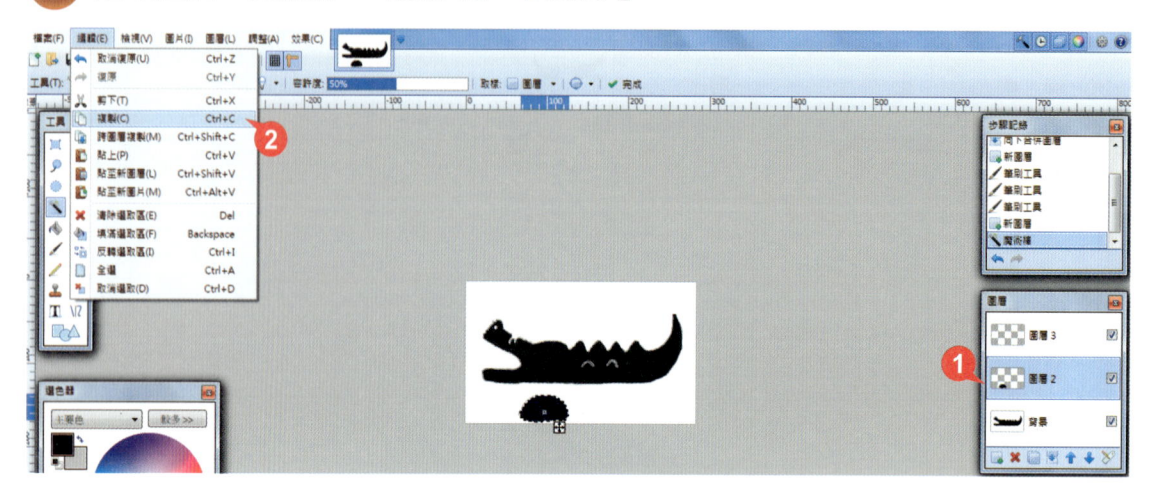

08 選取圖層3-【編輯】-【貼上】-移到適當位置

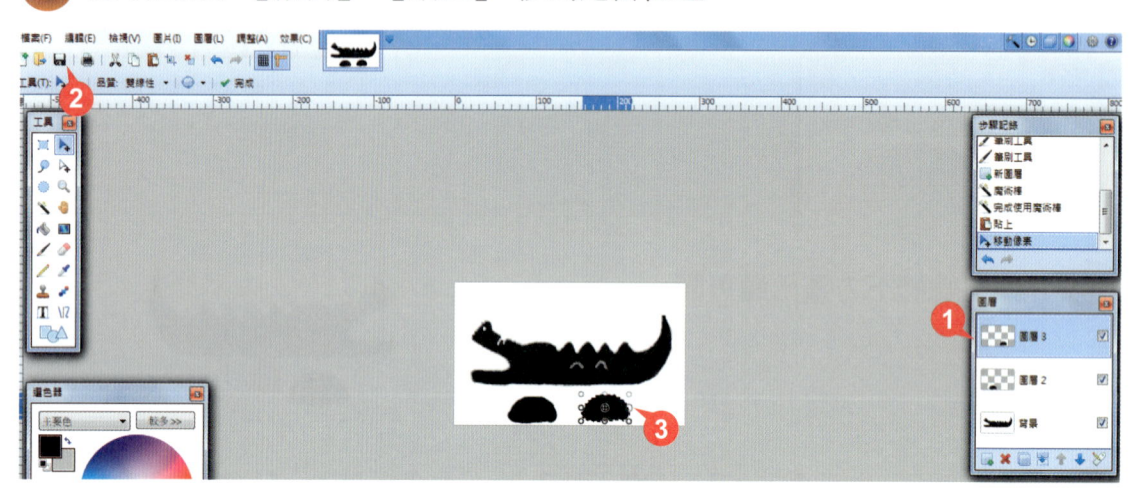

09 加入新圖層，【筆刷】-6，【選色器】-白

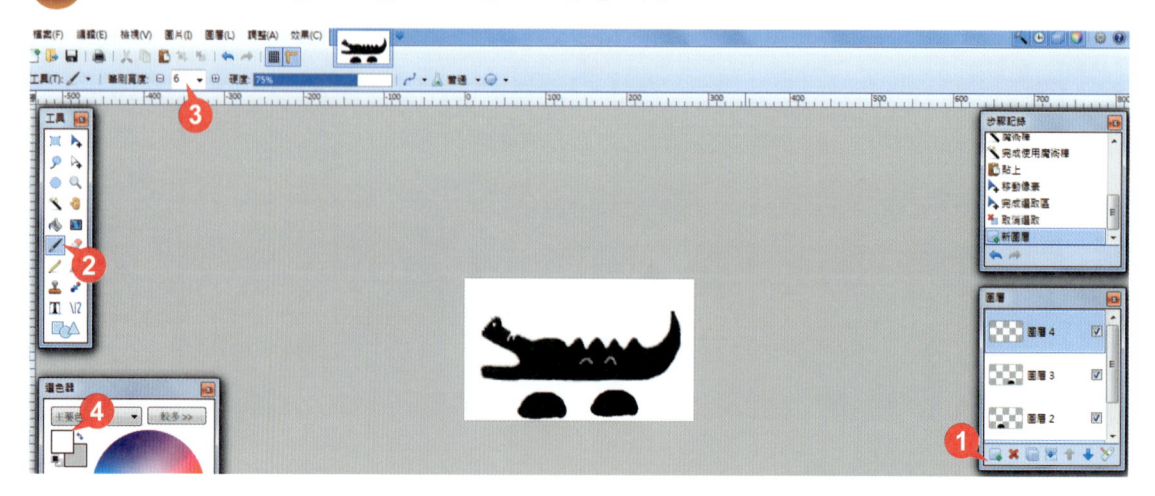

8. 動物拼圖

10 鱷魚身體底部畫出二道白線（插放立體腳用）

11 加入新圖層，左側【工具】-【圖案】，上方【工具】-【橢圓形】-填滿形狀，【選色器】-黑

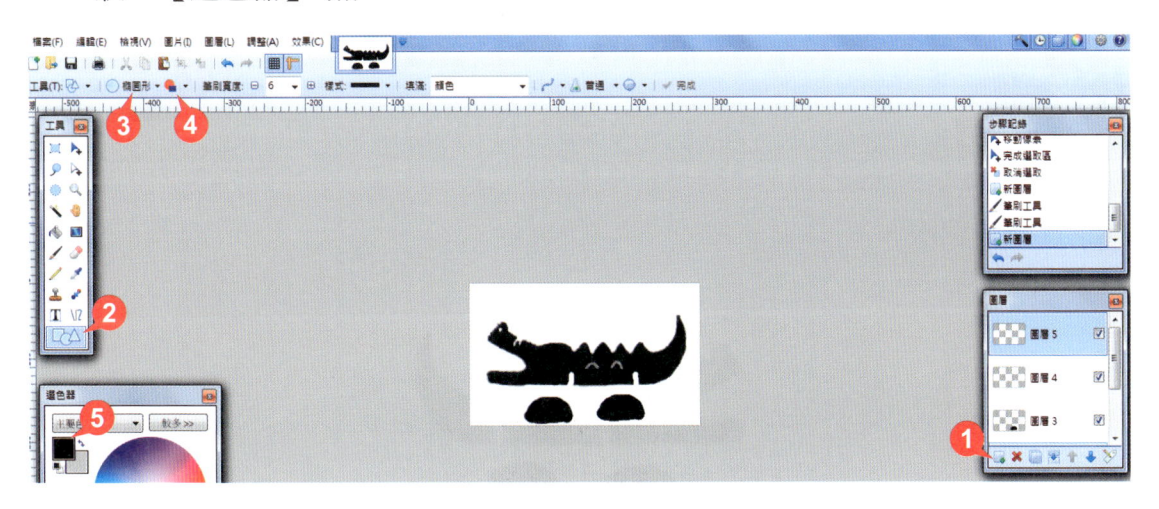

12 畫出二個黑色眼睛

85

13 加入新圖層，左側【工具】-圖案，上方【工具】-【橢圓形】-填滿形狀，【選色器】-白

14 二個白色眼珠

15 加入新圖層，【筆刷】-6，【選色器】-白

8. 動物拼圖

16 在鱷魚頭上畫出一條白線（插放眼睛用）

17 【存檔】-【另存新檔】-【存檔類型】- jpg-jigsaw.jpg(英文檔名)

18 【儲存組態】-【確定】

19 按下【影像平面化】，即完成存檔

📦 轉檔軟體操作

(1) 將所存的jpg檔，拉入Cura畫面。
(2) Cura極大化，視窗內，填入2×0×( )-以原尺寸呈現。3.00mm是物件最高的部分，0是鏤空。
(3) 存檔(SD卡)--file-Save GCode。
(4) file-save gcode --SDHC(H)--name.gcode (英文或數字檔名)

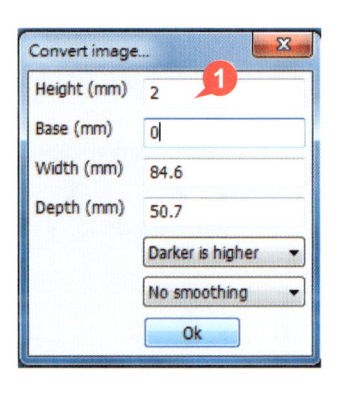

📦 3D列印步驟：請參考前面4-1節專屬吊牌之範例

4-9 應景 3D 卡片 （Paint.NET）

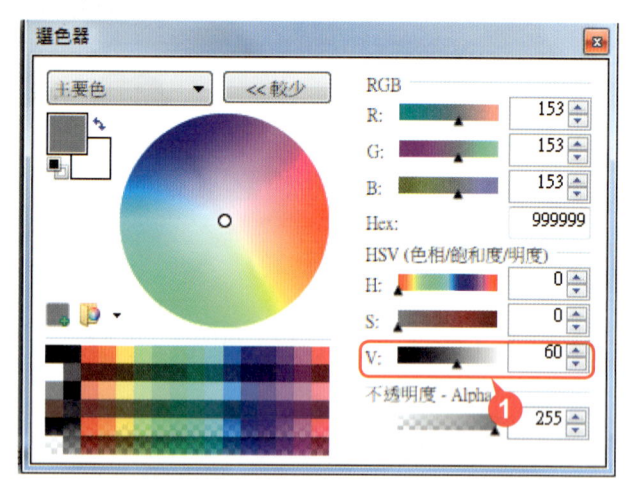

01 開新檔案-【新增】-【列印尺寸】「11×13」公分

02 【選色器】-較多-V-「60」

03 右側【工具】-【油漆桶】，倒入白色框，成灰色底

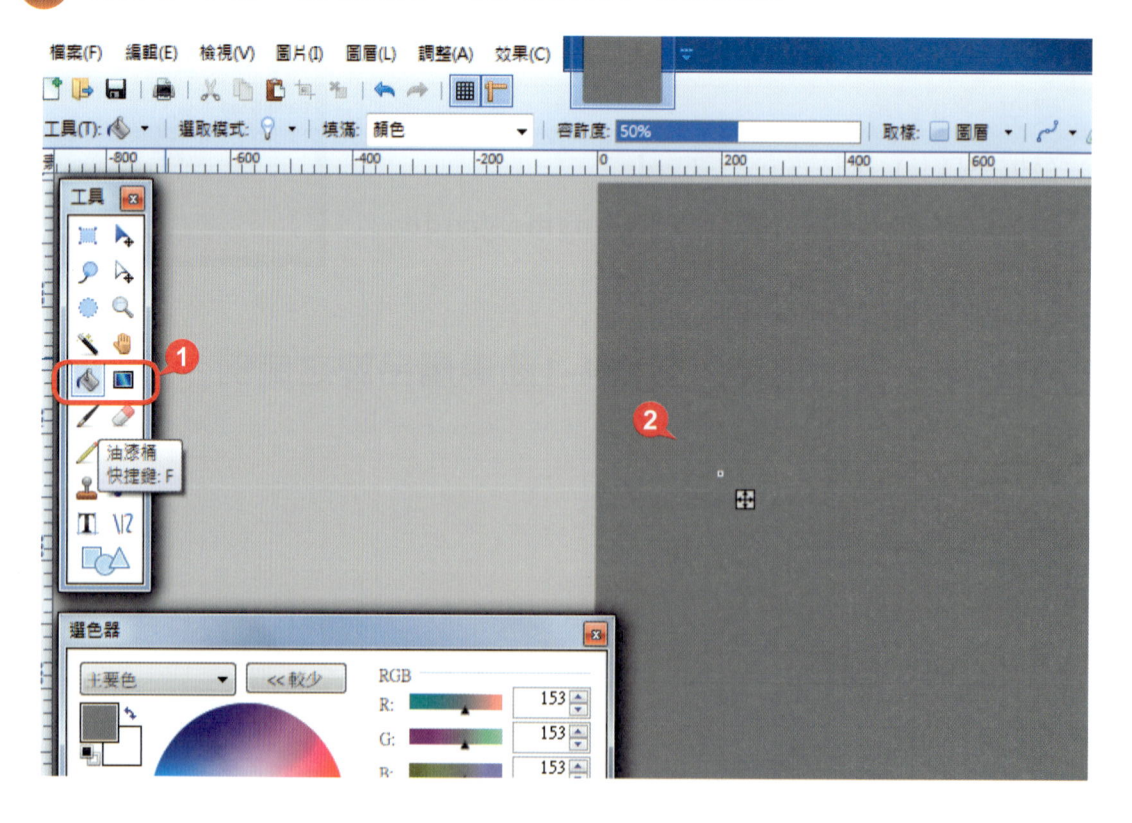

9. 應景 3D 卡片

04 【開啟舊檔】-【媒體櫃】-【圖片】- cheep2.jpg（自備小圖或自繪圖檔）

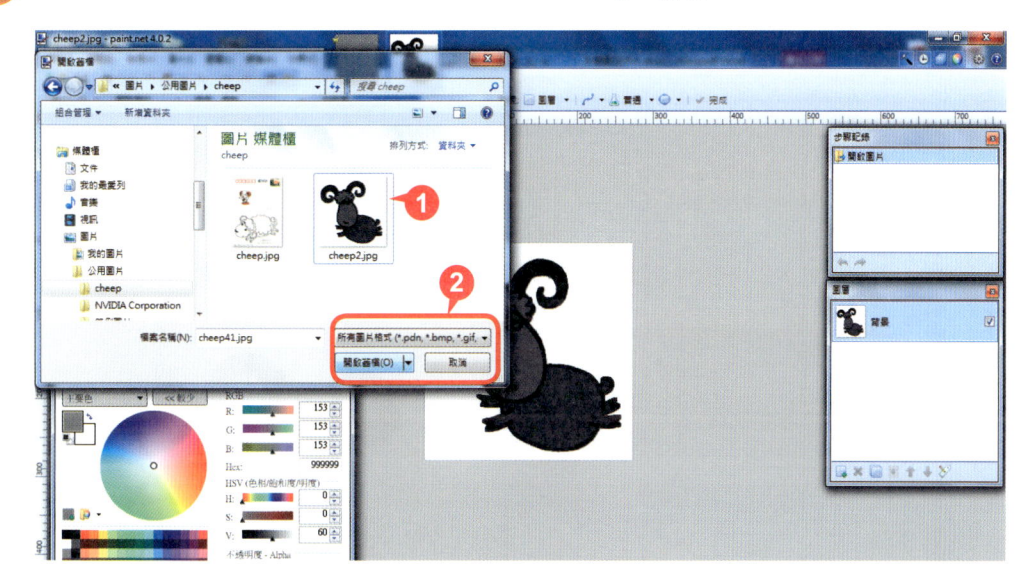

05 左側【工具】-【魔術棒】，選取羊圖案

06 【編輯】-【反轉選取區】,只選取羊圖案-複製(Ctrl+C)

07 選取最上方第一個灰色檔-【編輯】--【貼上】Ctrl+V

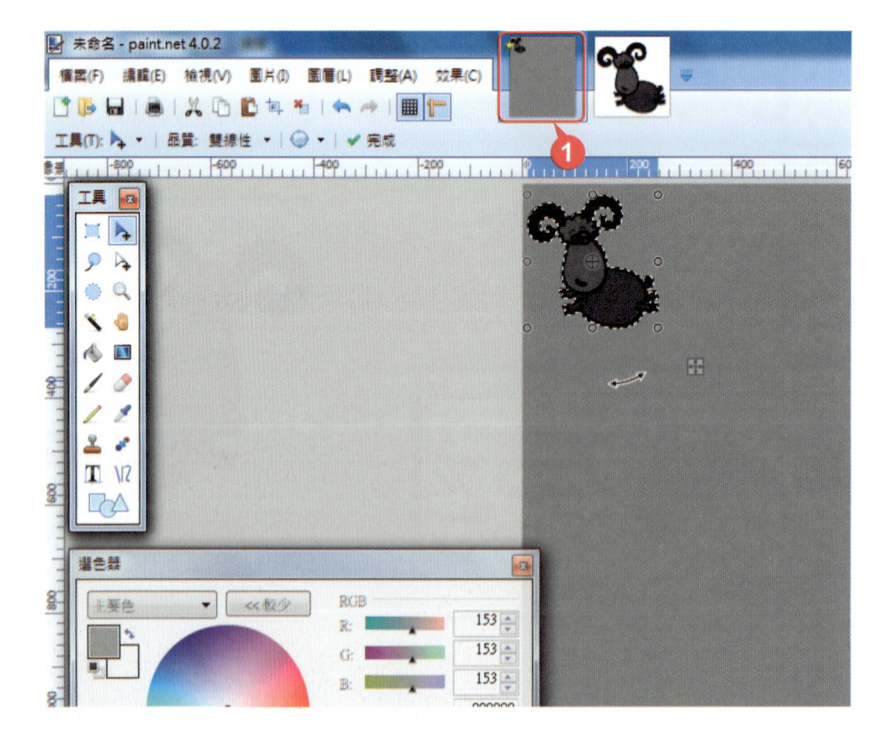

9. 應景 3D 卡片

08 移動選定像素-調整適當大小,鍵盤左右鍵移到適當位置-enter

09 加入新圖層-【矩形】-【填滿形狀】,【選色器】-V-「70」

畫出璀璨・列印夢想－從 3D 列印輕鬆動手玩創意

⑩ 在羊黑線下畫出一灰色長-筆線（為立體卡片摺痕）

⑪ 右側【工具】-【圖案】-【矩形】-填滿形狀，【筆刷寬度】-「10」-V-黑

⑫ 在綿羊頭部及下方畫一黑直線為（立體線）

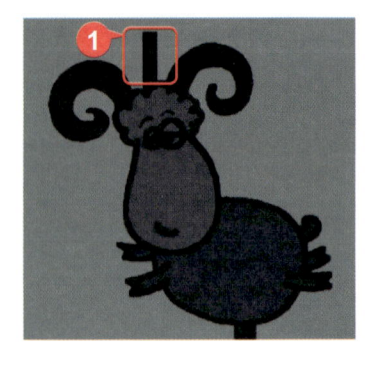

92

9. 應景 3D 卡片

13 加入新圖層，在綿羊的外圍描出白色框

14 【工具列】-【放大鏡】-滾動滑鼠右鍵-放大，用白筆刷修補細處

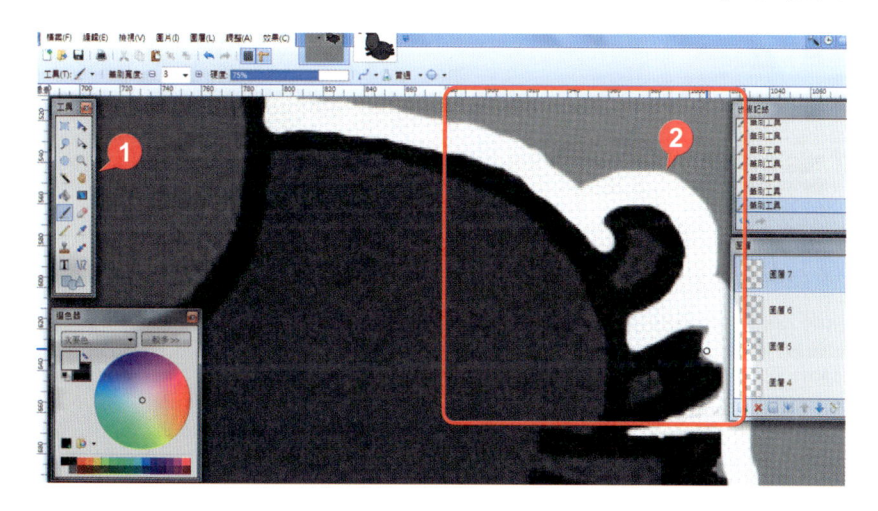

15 加入新圖層，上方【工具】-【六角星形】-填滿形狀-V-黑

16 在適當的位置畫出數個星星

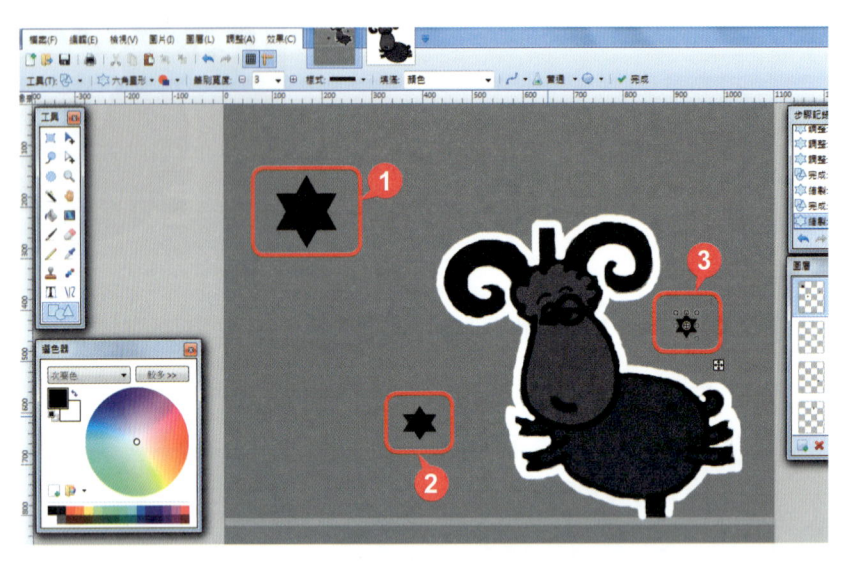

17【工具】-【T】-在灰色摺線下,打HAPPY NEW,畫出星星

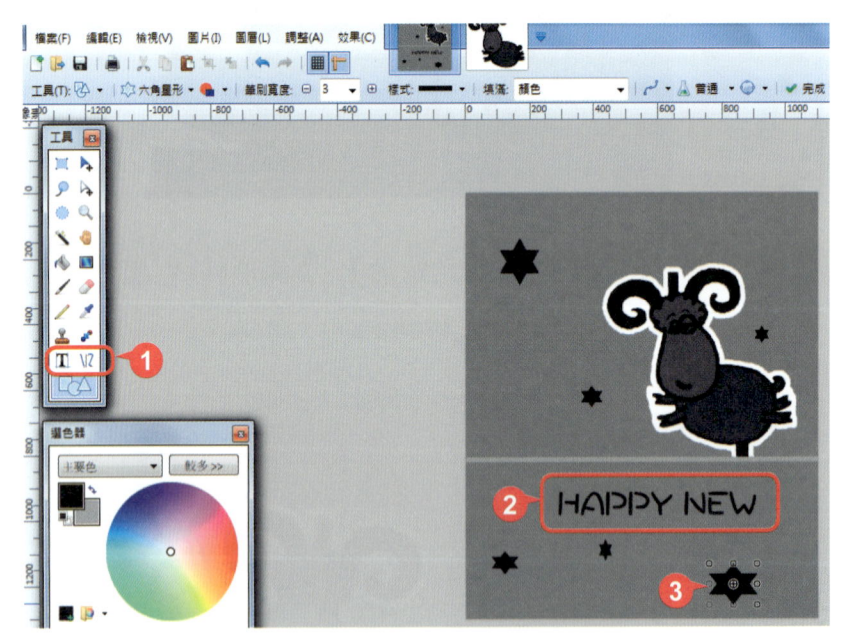

18【存檔】-【另存新檔】-【存檔類型】-jpg-3Dcard.jpg(英文檔名)

19【儲存組態】-【確定】

20 按下【影像平面化】,即完成存檔

9. 應景 3D 卡片

🟦 轉檔軟體操作

(1) 打開Cura，縮小畫面，將桌面所存的jpg檔，拉入Cura畫面。

(2) Cura最大化，在跳出的視窗內，填入2×0×( )原訂尺寸。2.00mm是物件最高的部分，底層0是鏤空。

(3) 存檔(SD卡)-file-Save GCode。

(4) file-save gcode-SDHC(H)-name.gcode(英文或數字檔名)。

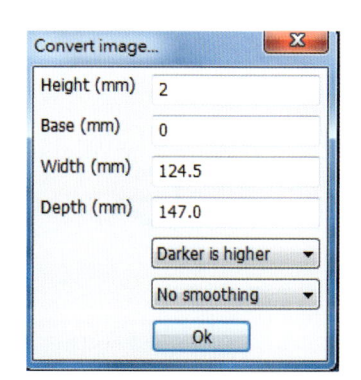

🟦 3D列印步驟：請參考前面4-1節專屬吊牌之範例

畫出璀璨・列印夢想－從 3D 列印輕鬆動手玩創意

4-10 山盟海誓的戒指 （Tinkercad）

01
Google-key-Tinkercad

02
選取 -Tinkercad

03
選取右上方 -Sign in-

04
輸入帳號密碼

05
主選單 - 建新檔案

06
進入繪圖頁面

96

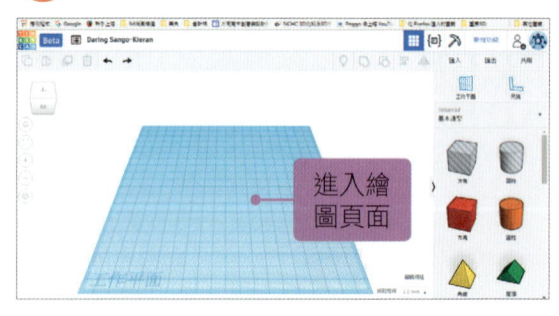

10. 海誓山盟的戒指

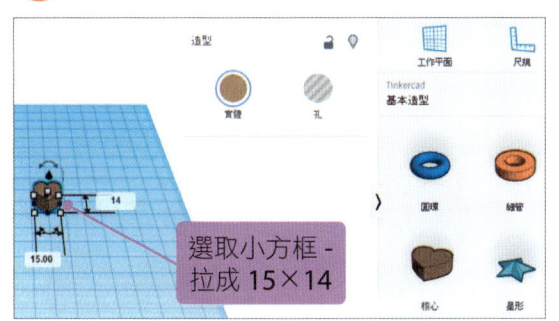

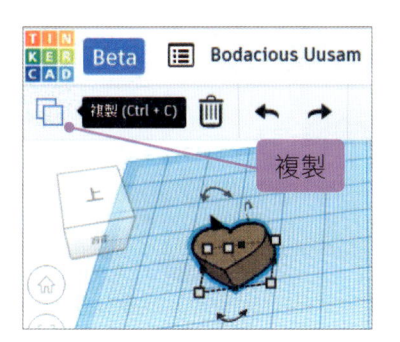

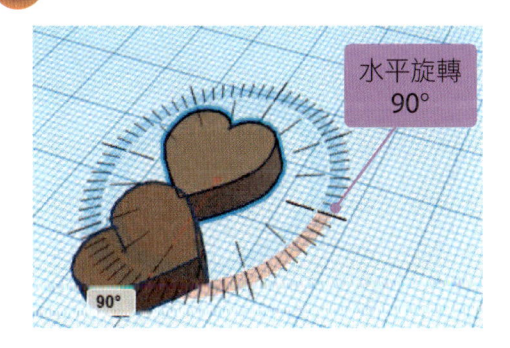

07 選取小方框 - 拉成 15×14

08 高度拉成 5

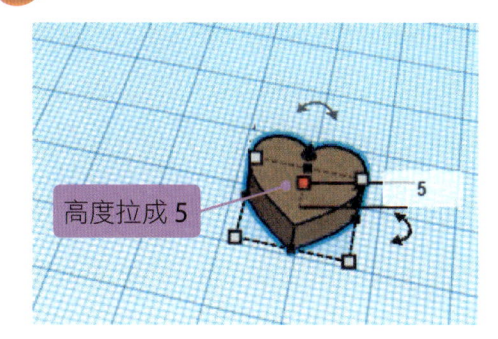

09 複製

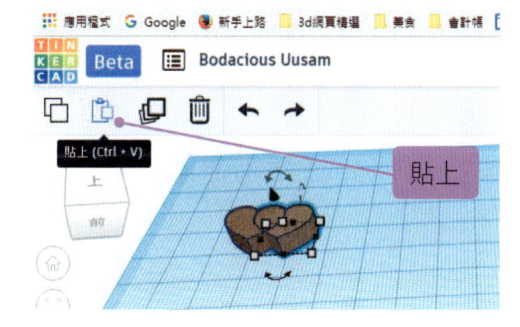

10 貼上

11 水平旋轉 90°

12 鍵盤上下左右鍵，移到二個心緊密合貼

13 複製

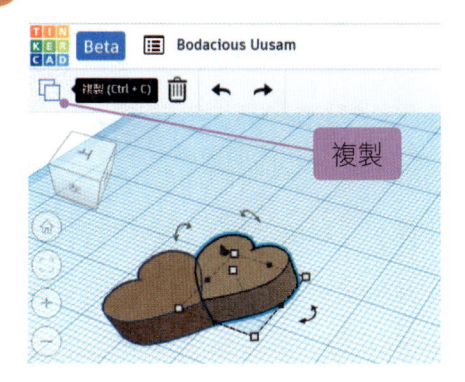

14 貼上

97

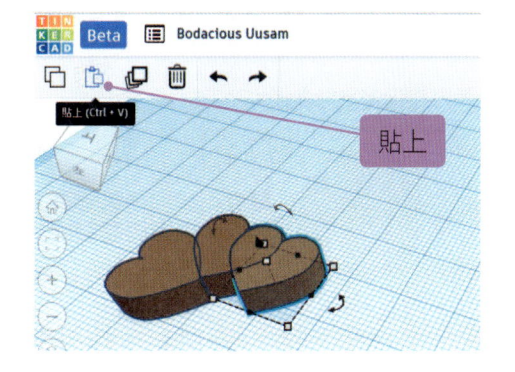

15 水平旋轉 90°

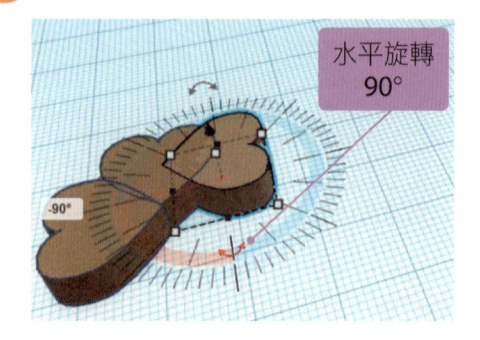

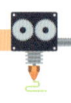

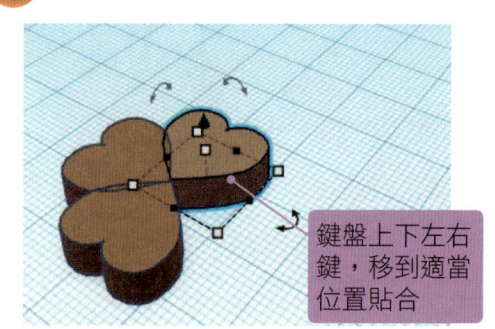

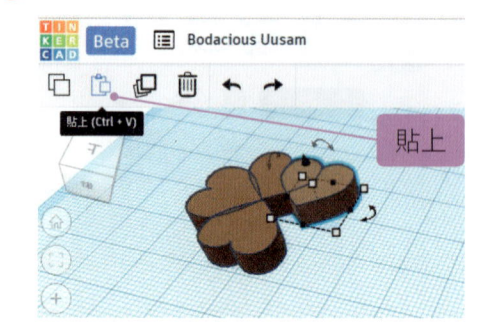

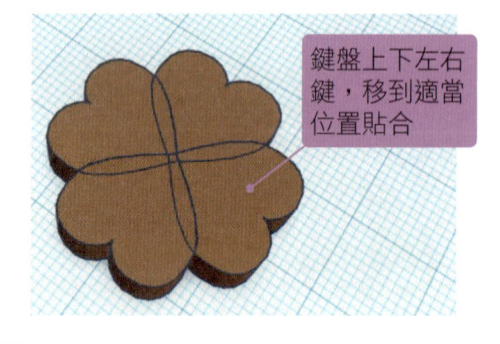

16 鍵盤上下左右鍵，移到適當位置貼合

17 複製

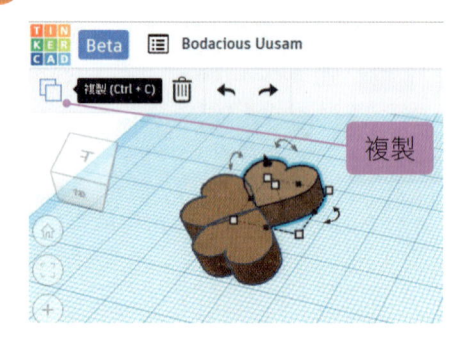

18 貼上

19 水平旋轉 90°

20 鍵盤上下左右鍵，移到適當位置貼合

21 更改顏色

22 全部選取

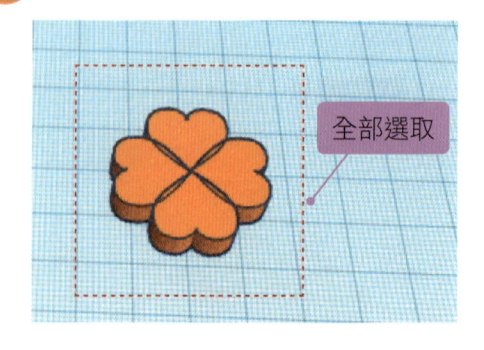

10. 海誓山盟的戒指

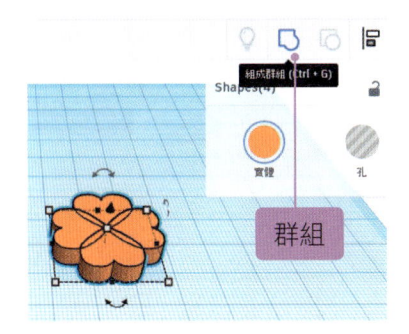

23 群組

24 拉入環形 20×20

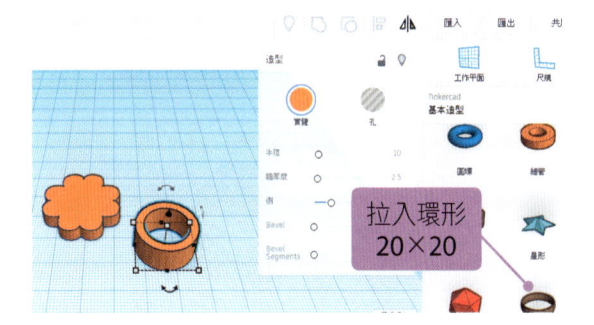

25 小方框高度拉 7

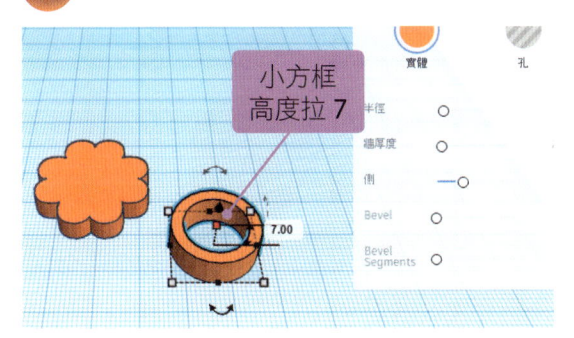

26 牆厚度 1.3

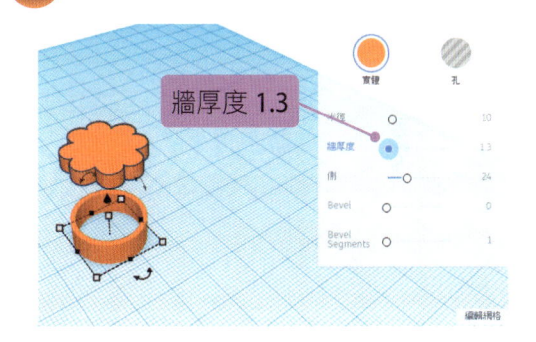

27 垂直旋轉 90°

28 箭頭提高 7 鍵盤上下左右鍵，移到中心位置

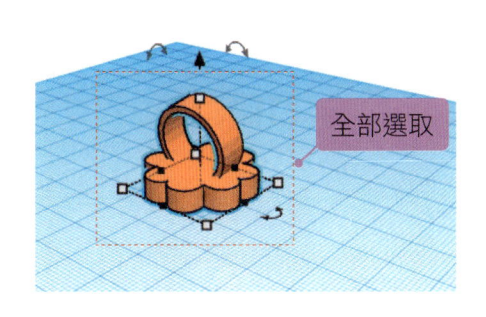

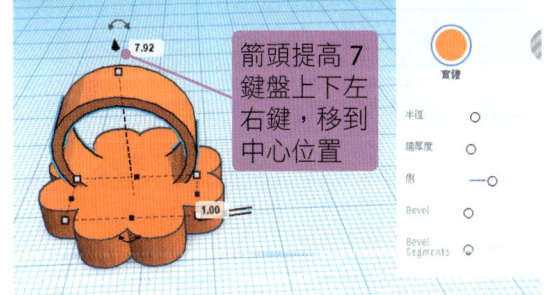

29 全部選取

30 群組

99

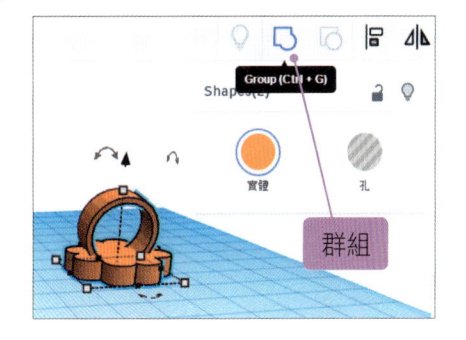

③①
英文命名

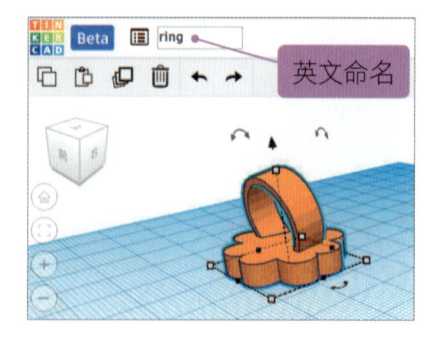

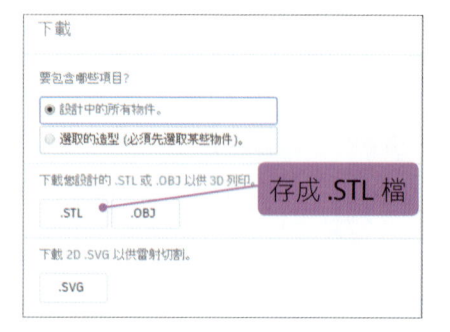

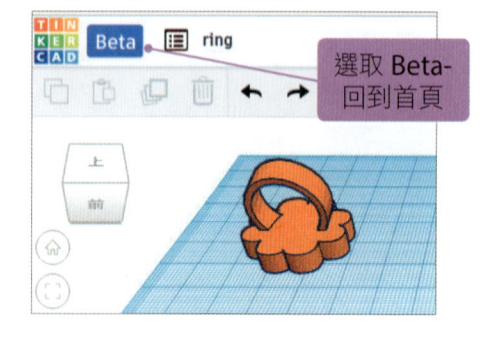

③②
匯出 - 下載以供 3D 列印

③③
存成 .STL 檔

③④
到下載，可找到檔案

③⑤
選取 Beta-回到首頁

③⑥
出現新建模型

🔷 轉檔軟體操作

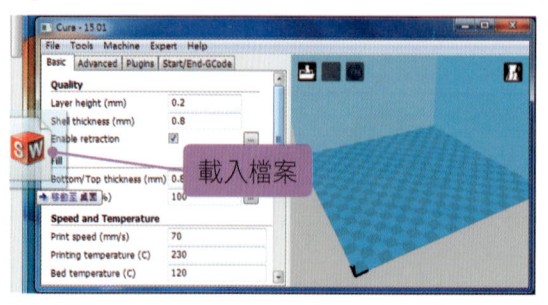

③⑦
載入檔案

③⑧
完成所需時間材料長度及重量

10. 海誓山盟的戒指

39 比例尺

40 物件方位旋轉

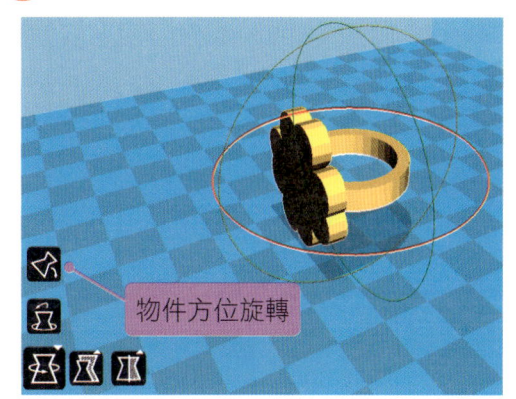

41 Layers- 堆疊過程

42 file-save-Gcode-name.gcode（英文檔名）

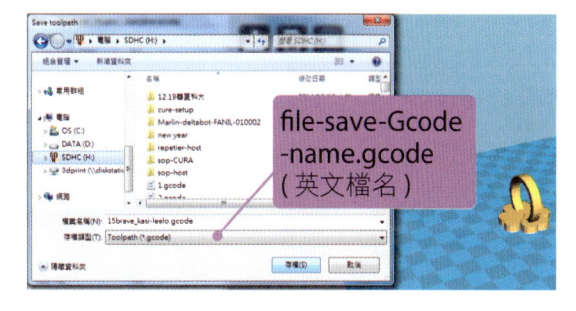

🧊 3D列印步驟：請參考前面4-1節專屬吊牌之範例

101

4-11 娃娃屋鍋子 （Tinkercad）

01 開啟 Tinkercad 網站，選取「建立新設計」

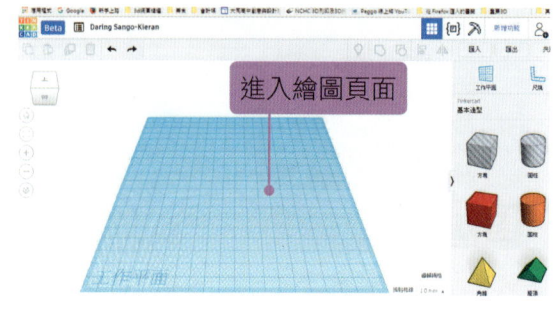

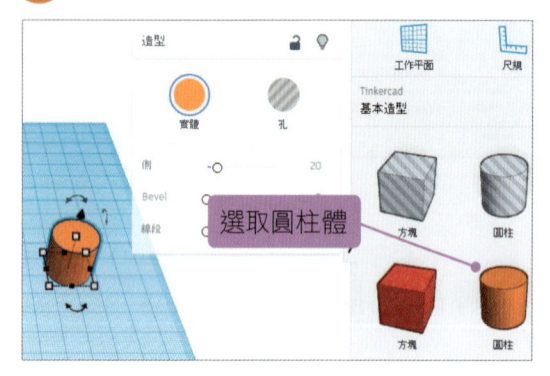

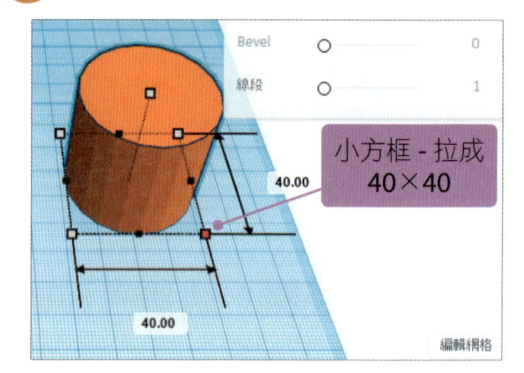

02 進入繪圖頁面

03 選取圓柱體

04 小方框 - 拉成 40×40

05 高度拉成 20

06 複製

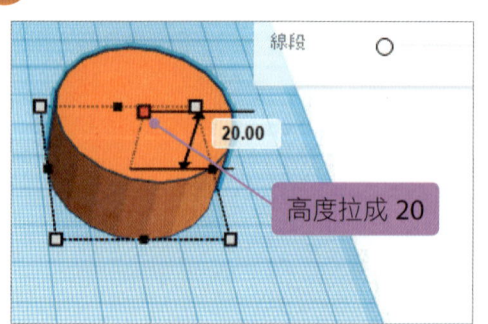

102

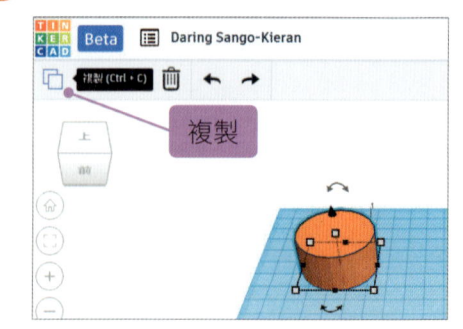

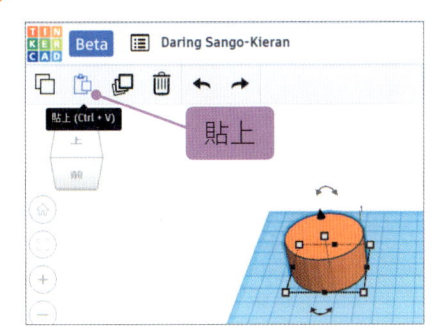

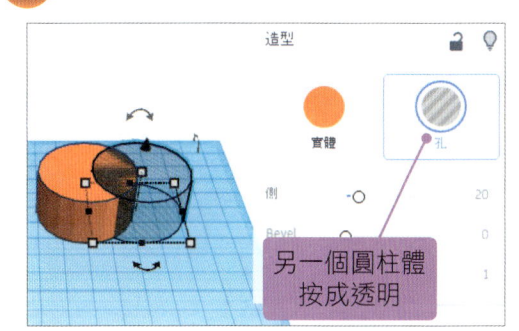

11. 娃娃屋鍋子

Chapter 4

07 貼上

08 另一個圓柱體按成透明

09 透明體縮成 37×37

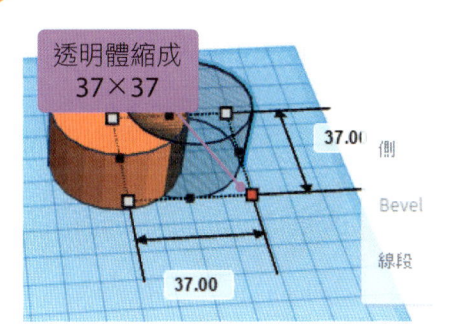

10 視角工具旋轉　鍵盤移動鍵移入圓柱體

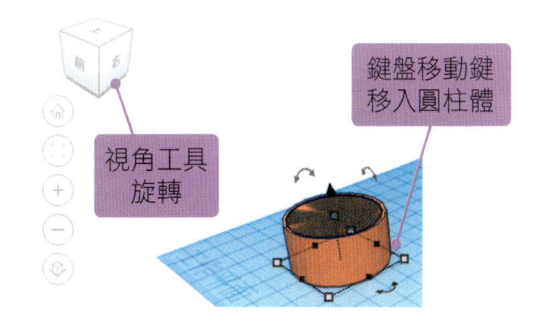

11 全部選取

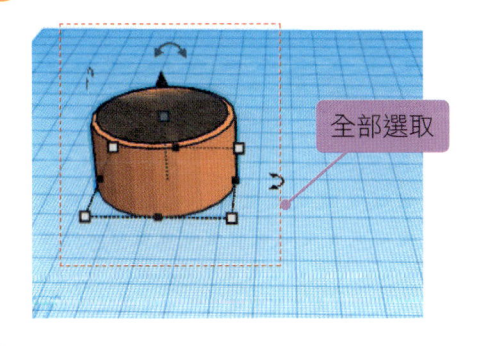

12 對齊工具　選取居中

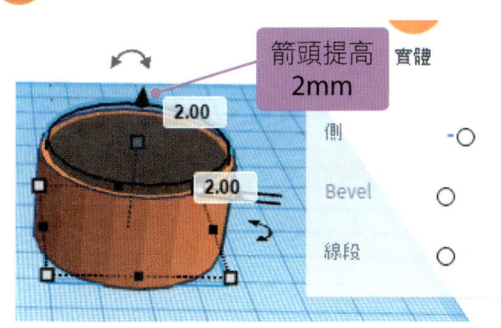

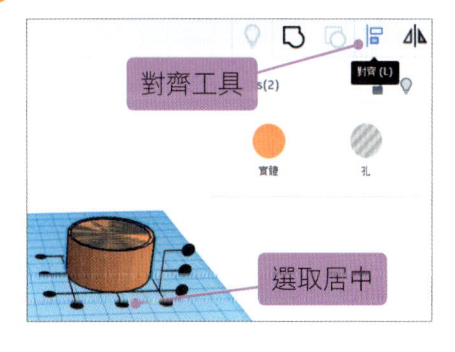

13 箭頭提高 2mm

14 全部選取

103

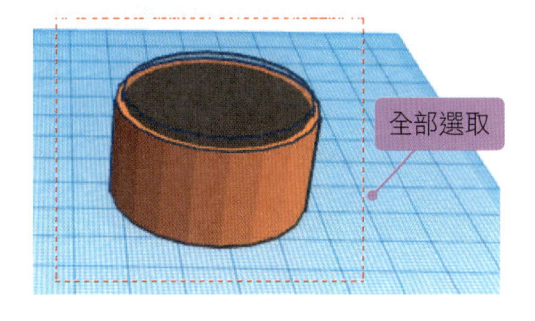

15 群組

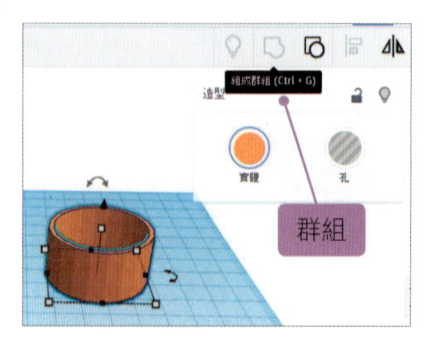

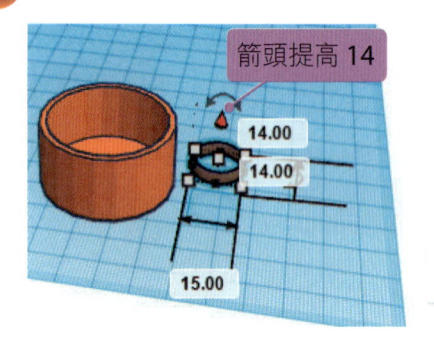

16 選取中空圓 15×15

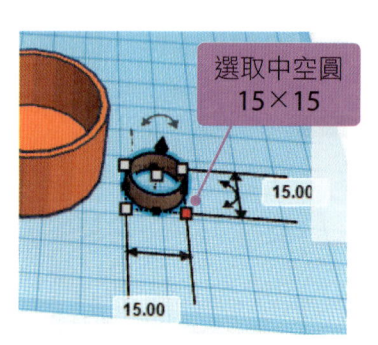

17 箭頭提高 14

18 移動鍵移入一點 不超過內側

19 複製

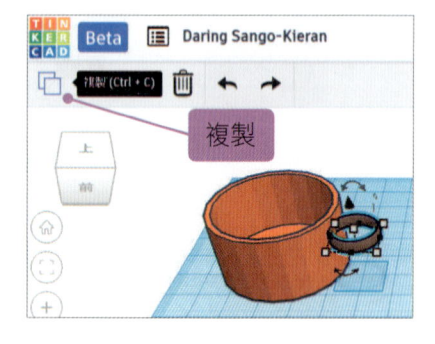

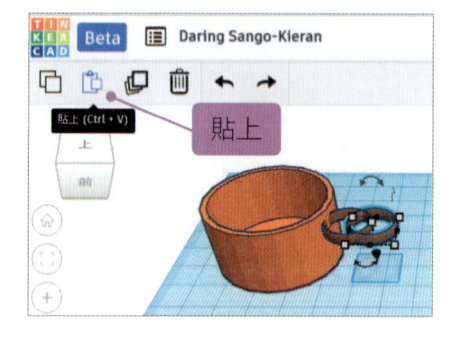

20 貼上

21 另一空心圓移到適當位置

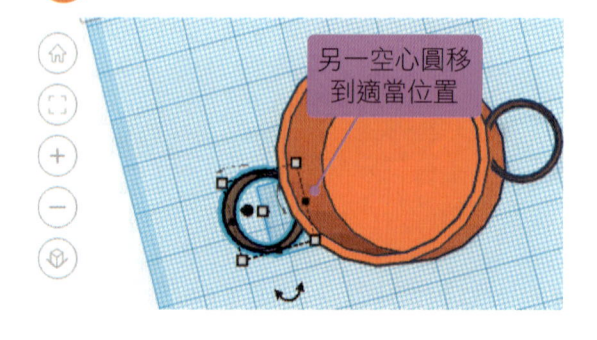

22 旋轉網格查看位置

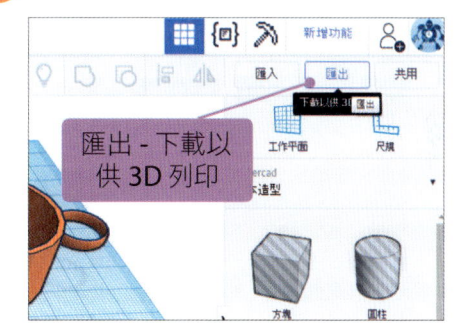

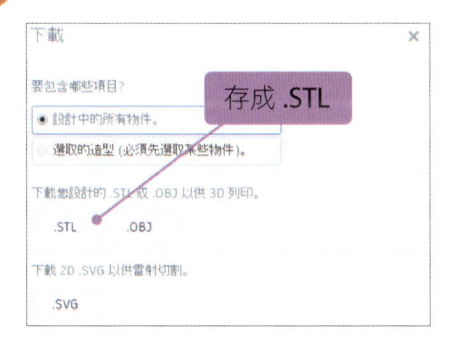

11. 娃娃屋鍋子

23 全部選取

24 群組

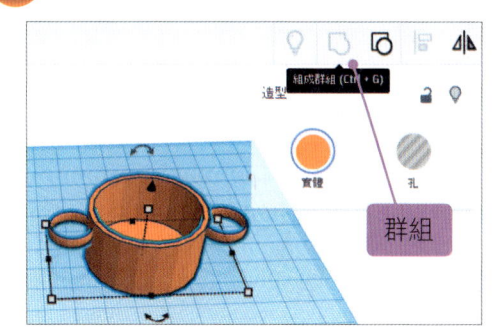

25 英文或數字命名

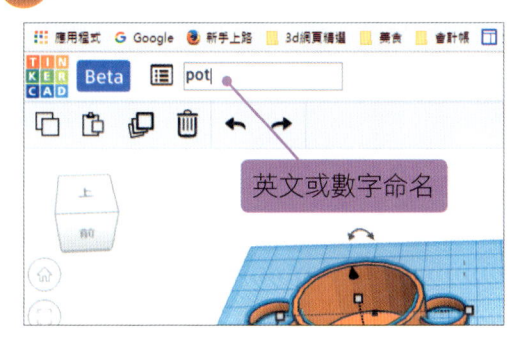

26 匯出 - 下載以供 3D 列印

27 存成 .STL

28 選取 Beta - 回到首頁

29 出現新建模型

🔲 **轉檔軟體操作：請參考前面 4-10節山盟海誓的戒指之範例**

🔲 **3D列印步驟：請參考前面4-1 節專屬吊牌之範例**

105

4-12 玩印章 （Tinkercad）

01 開啟 Tinkercad 網站，選取「建立新設計」

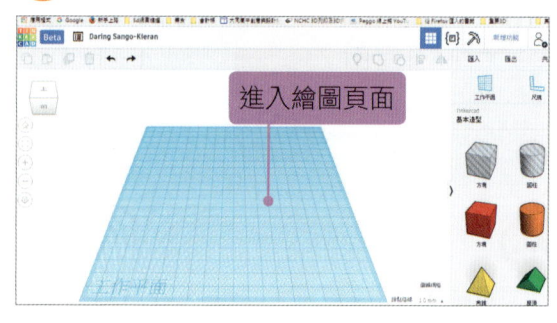

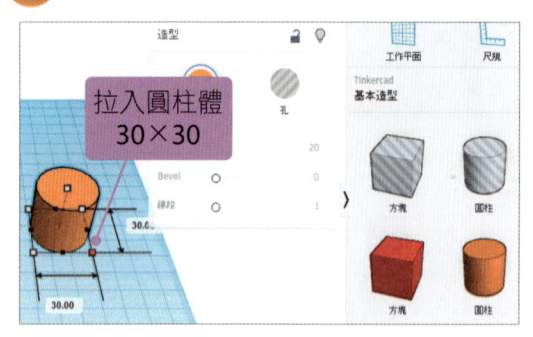

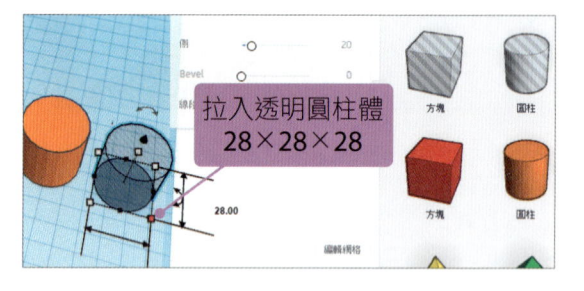

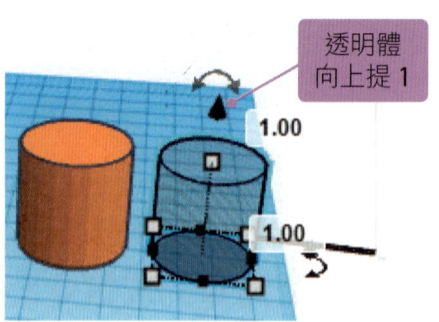

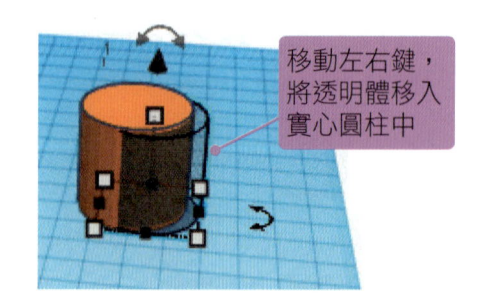

02 進入繪圖頁面

03 拉入圓柱體 30×30

04 拉入透明圓柱體 28×28×28

05 透明體向上提 1

06 移動左右鍵，將透明體移入實心圓柱中

12. 玩印章　Chapter 4

07 尚未完全沒入

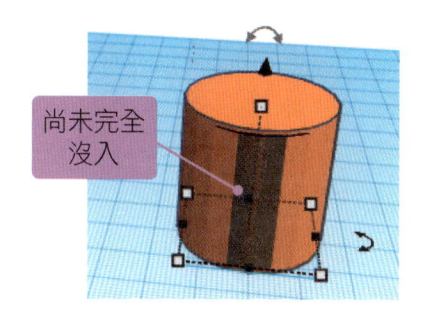

08 前後左右移動確定完全沒入

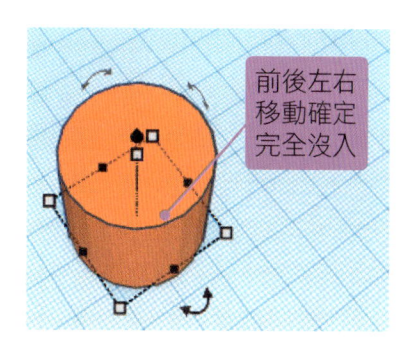

09 框住 - 選取

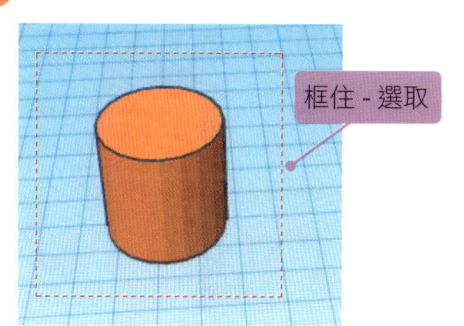

10 實心和空心群組　組成群組 (Ctrl + G)

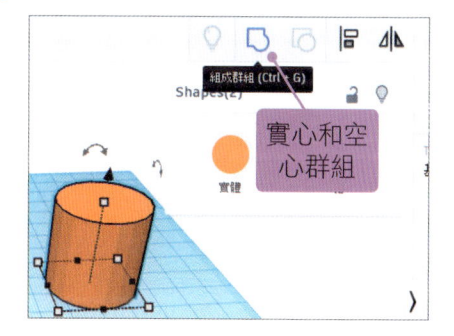

11 選取文字

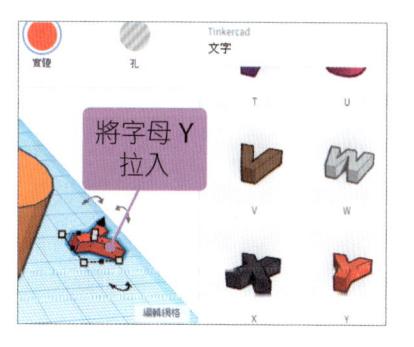

12 將字母 Y 拉入

13 按小方框確認高度 30　30.00

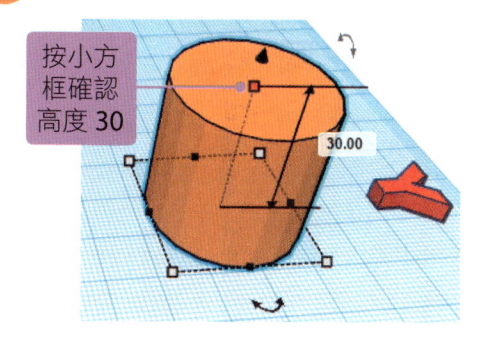

14 箭頭拉高 Y30　30.00　30.00

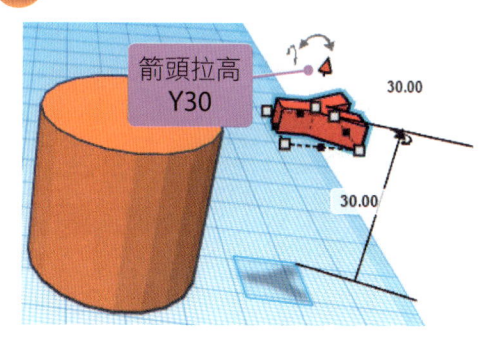

107

15
移動左右鍵 -Y 到圓柱中心

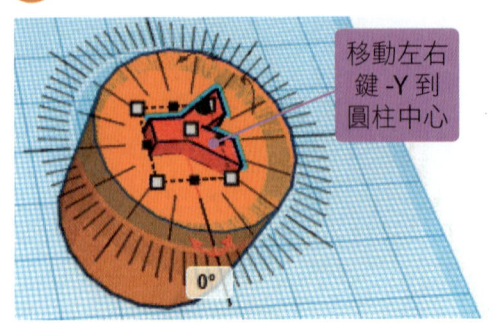

16
調整 Y 適當大小

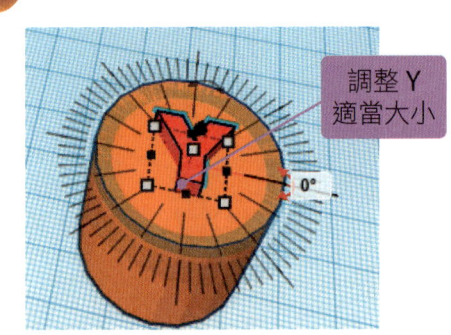

17
選取全部

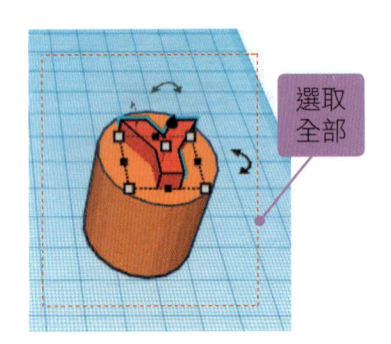

18
選取對齊

選取居中

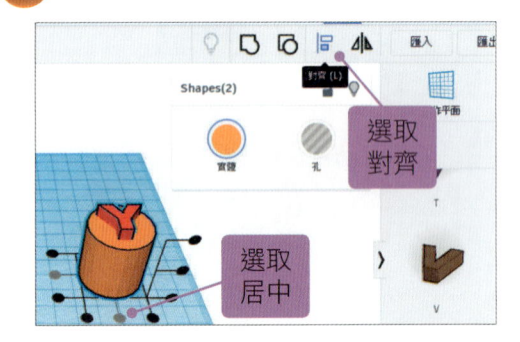

19
旋轉網格查看各相關位置

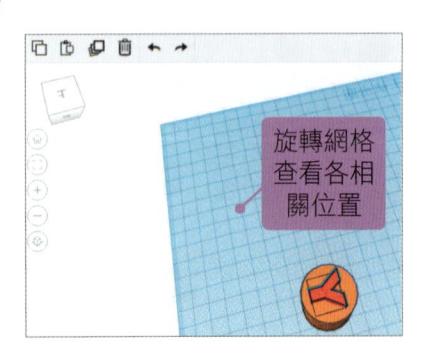

20
選取全部

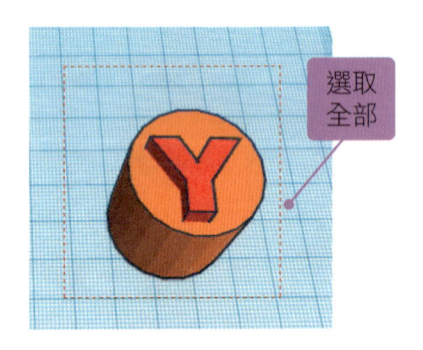

21
圓柱和 Y 群組

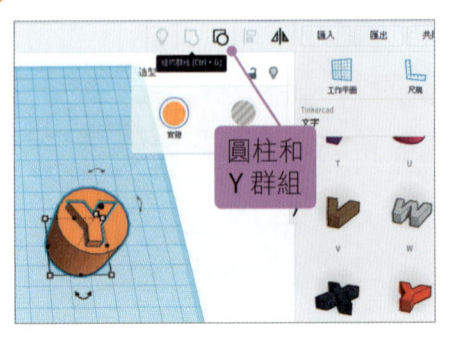

22
Beta- 命名（英文或數字）

108

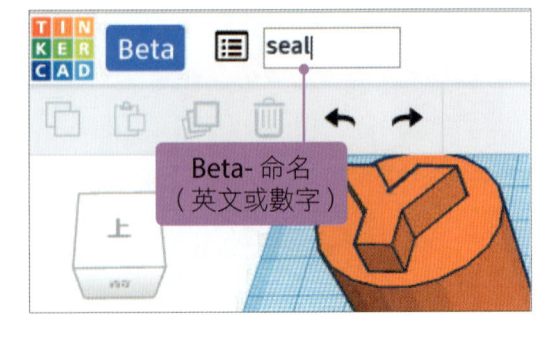

12. 玩印章

23

匯出 - 下載
以供 3D 列印

24

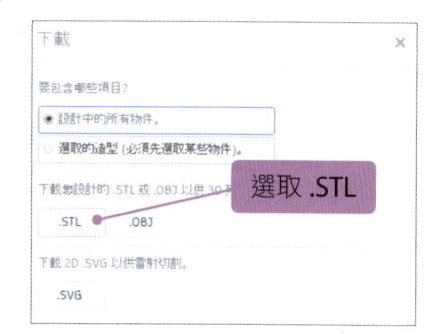

選取 .STL

25

選取 Beta-
回到首頁

26

出現新
建模型

🔷 **轉檔軟體操作：請參考前面4-10節山盟海誓的戒指之範例**

🔷 **3D列印步驟：請參考前面4-1節專屬吊牌之範例**

4-13 小玩偶 - 金魚（Tinkercad）

01 開啟 Tinkercad 網站，選取「建立新設計」

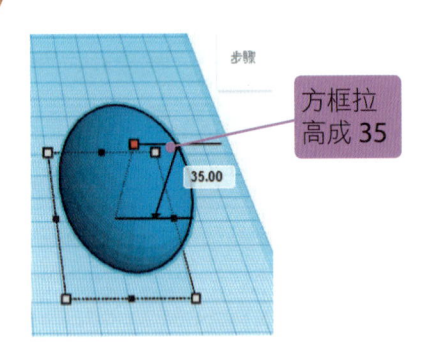

02 選取方框，長寬拉成 40×60

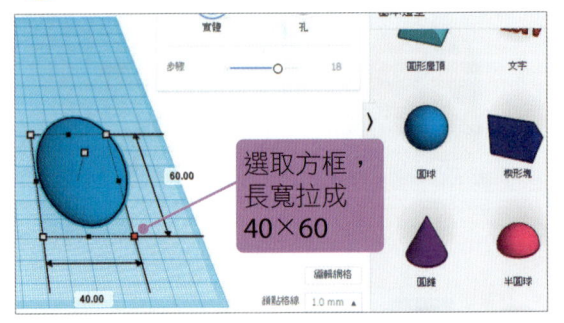

03 方框拉高成 35

04 選取長方體長寬拉成 70×50

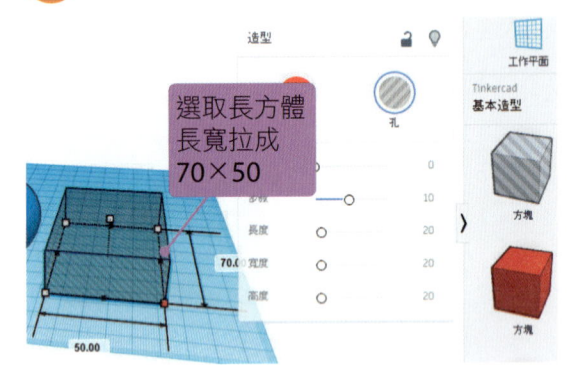

05 方框拉高成 5

06 移動左右鍵，將透明體移入圓球下方

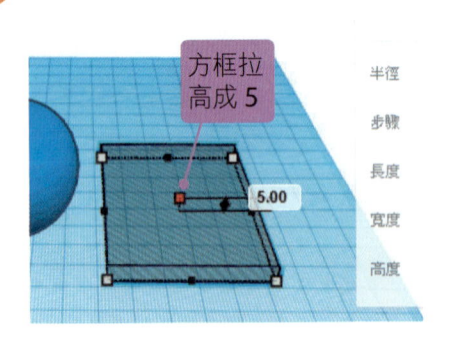

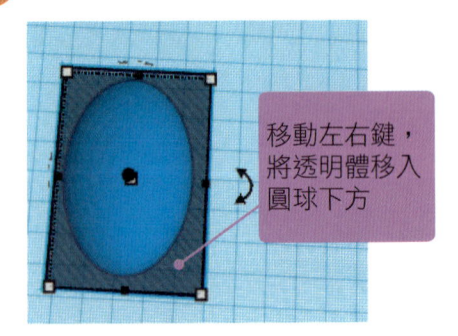

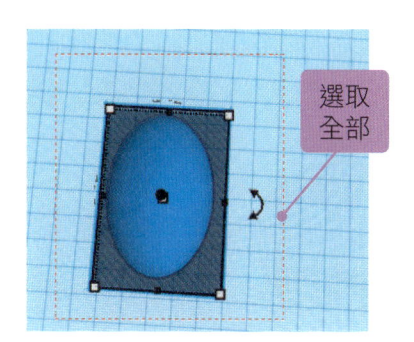

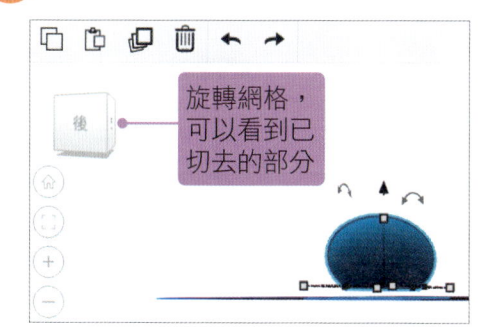

13. 小玩偶 - 金魚

Chapter 4

07 選取全部

08 選取群組

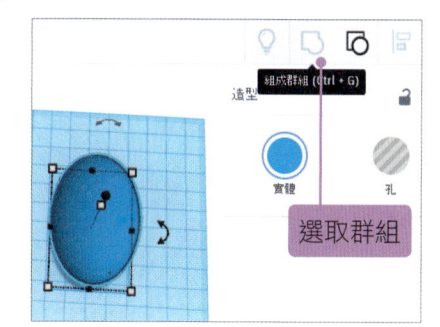

09 旋轉網格，可以看到已切去的部分

10 拉箭頭往下降 5-貼齊網格

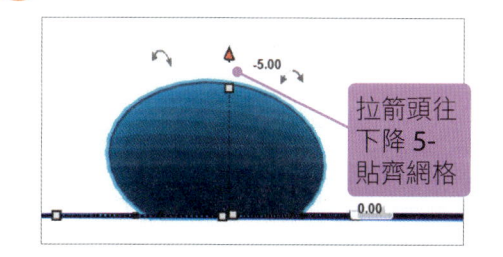

11 拉入圓球，更換顏色

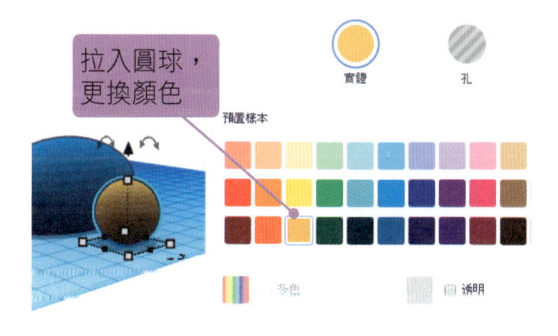

12 圓球拉成 - 10×10×10

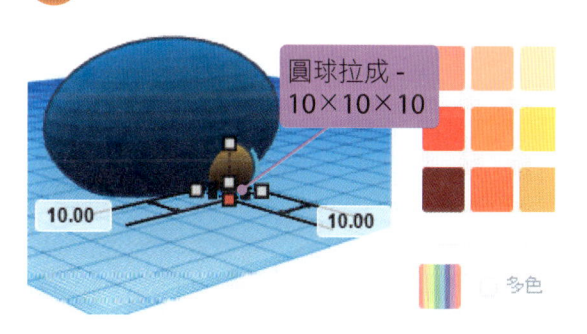

13 移動左右鍵，調整適當位置

14 將箭頭往上拉 4mm

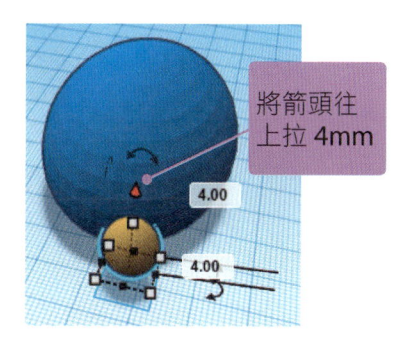

畫出璀璨・列印夢想－從 3D 列印輕鬆動手玩創意

15 旋轉網格，查看各面向，調整適當位置

16 點選小球體，再按 Hole 成透明

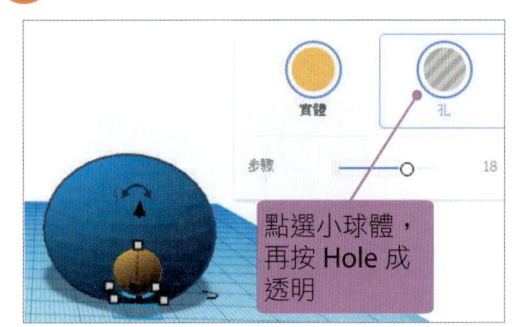

17 按 Hole 透明，即減去重疊處

18 全部選取，群組

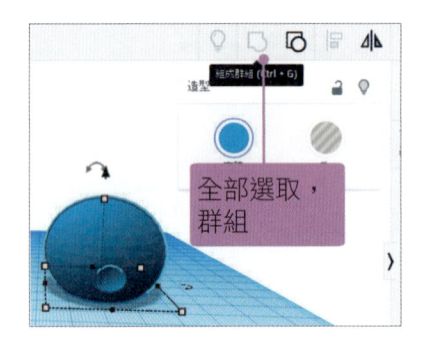

19 拉一個圓球 8×8×12

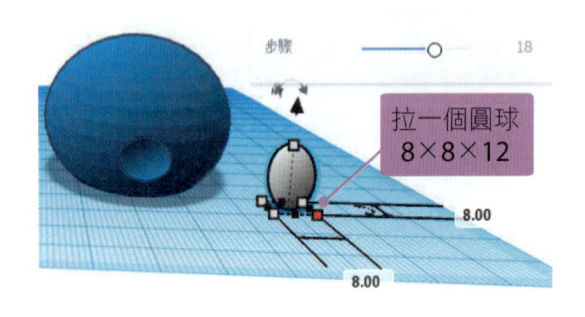

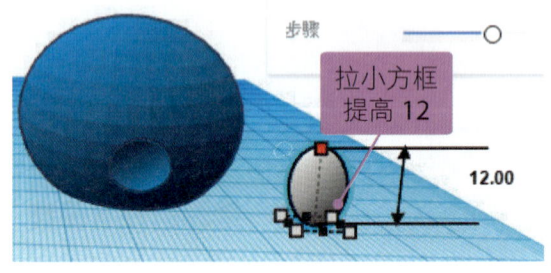

20 拉小方框提高 12

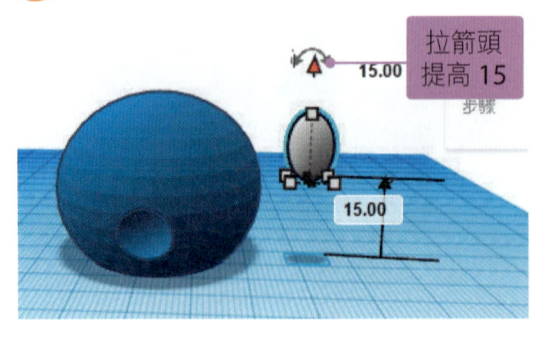

21 拉箭頭提高 15

22 移動左右鍵，到適當位置

112

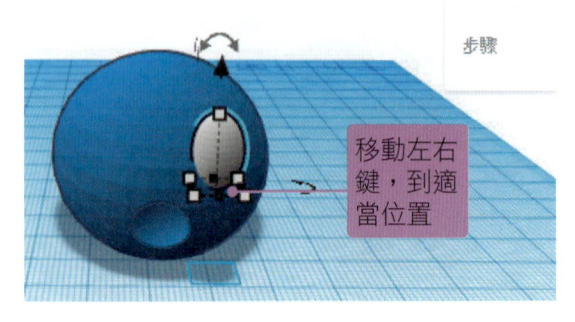

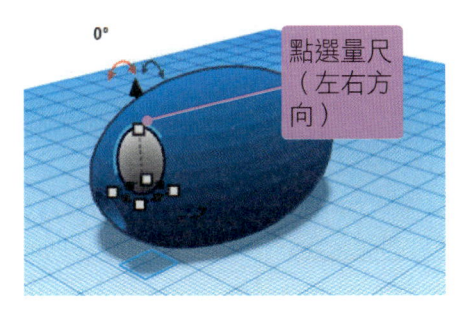

13. 小玩偶 - 金魚

Chapter 4

㉓ 點選量尺（左右方向）

㉔ 旋轉 -45°

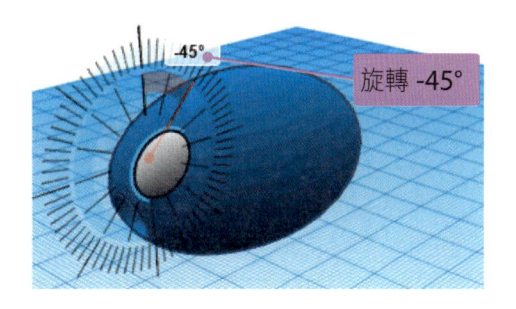

㉕ 移動左右鍵，調整位置

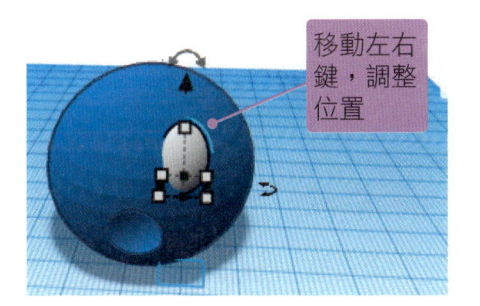

㉖ 旋轉網格，調整眼睛位置

㉗ 選取白眼睛 -copy-paste

㉘ 複製出另一個眼睛

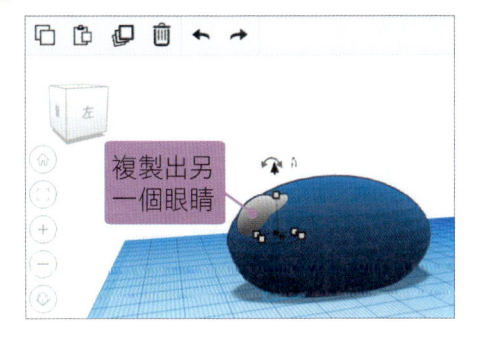

㉙ 移動左右鍵，到適當位置

㉚ 全選後 - 群組

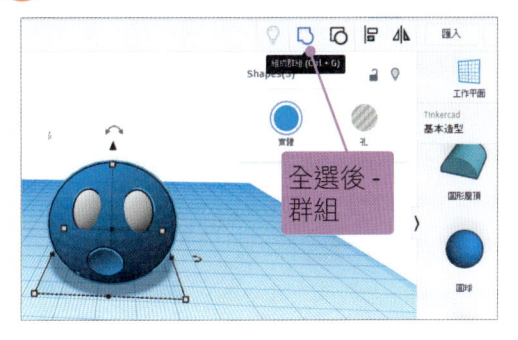

113

31 拉入圓錐，長寬拉成 9×17.5

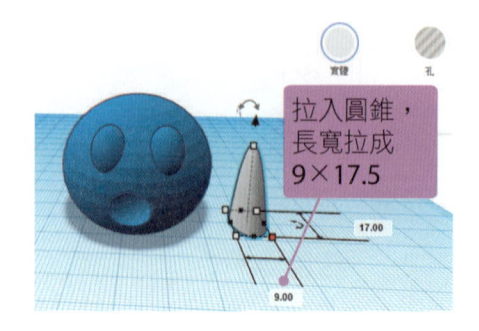

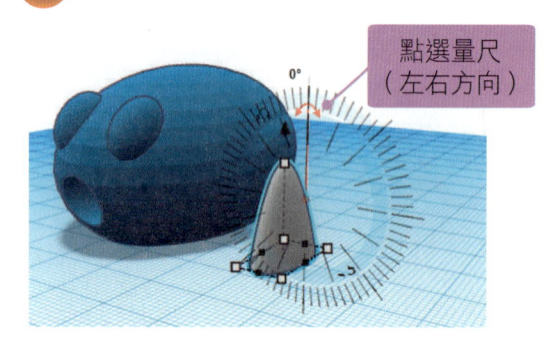

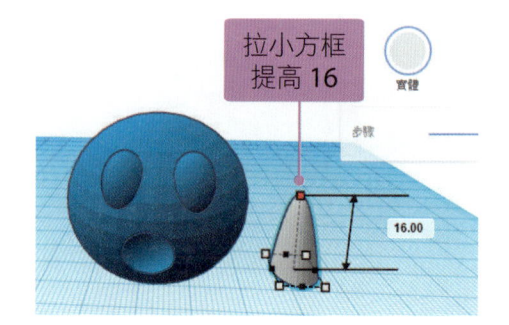

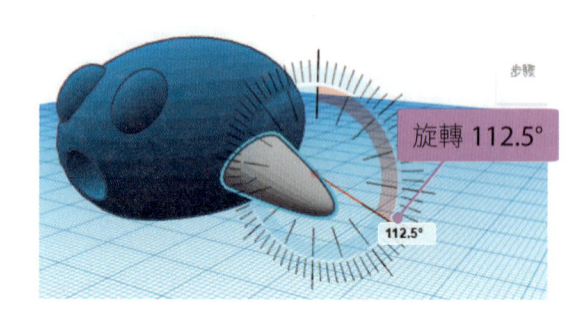

32 拉小方框提高 16

33 點選量尺（左右方向）

34 旋轉 112.5°

35 移動左右鍵，到適當位置

36 選取白鰭，copy-paste

37 貼上 - 白鰭

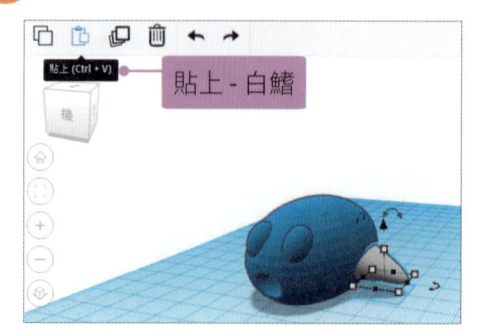

38 移動左右鍵 - 移到另一邊

13. 小玩偶 - 金魚

39 旋轉 -135°
-135°

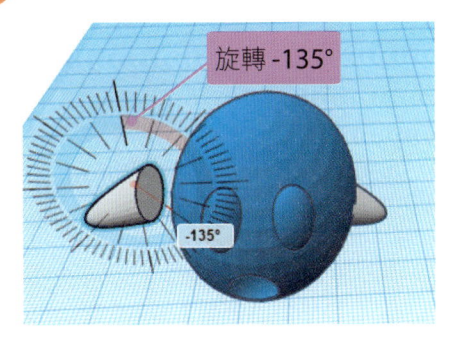

40 移動左右鍵 - 到適當位置

41 選取白鰭 複製 - 貼上

42 移動左右鍵 - 移出另一白鰭

43 旋轉 -112.5°
-112.5°

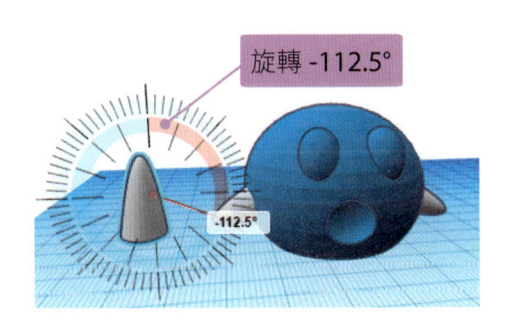

44 下拉至 0 - 與網格對齊
-4.00
0.00

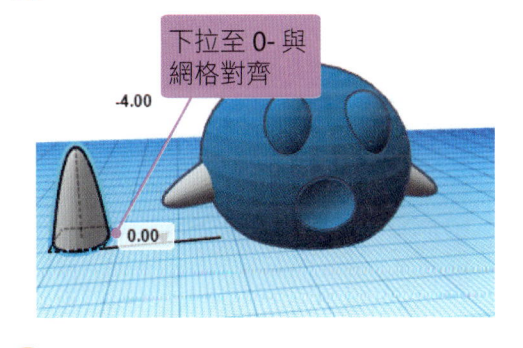

45 長寬拉成 10×20
20.00
10.00

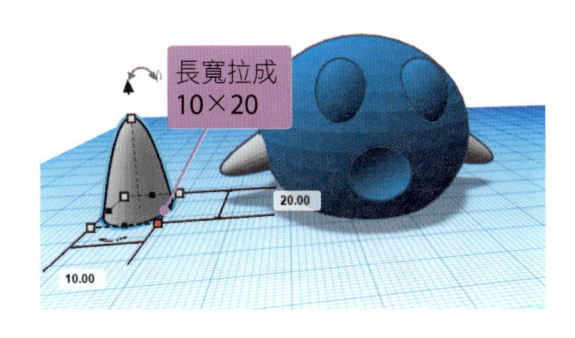

46 拉箭頭提高 24
24.00
24.00

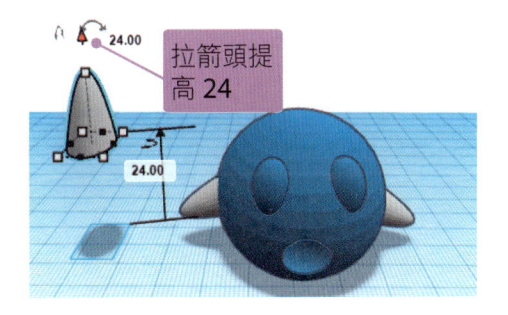

47 移動左右鍵 - 到中間位置

48 旋轉網格 - 至側面

49 複製 - 貼上

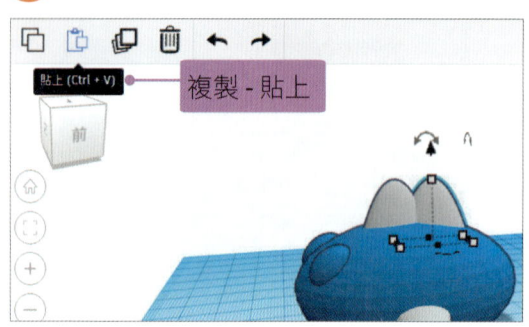

50 移動左右鍵 - 到尾鰭部位

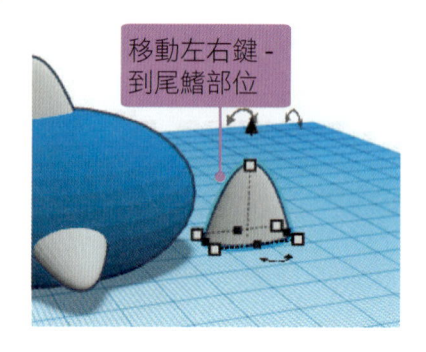

51 拉箭頭提高 19

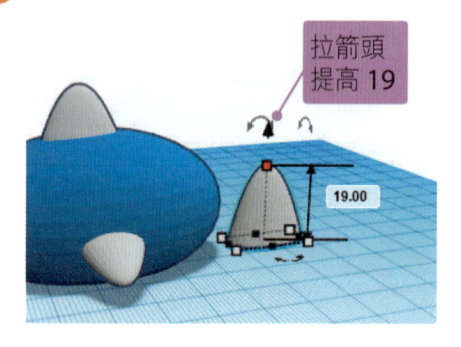

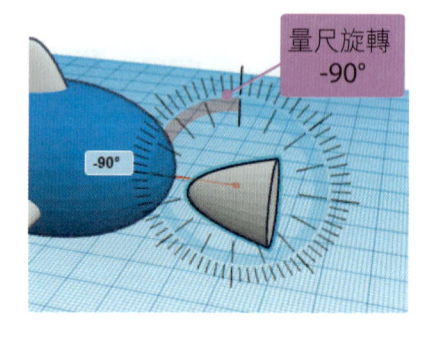

52 量尺旋轉 -90°

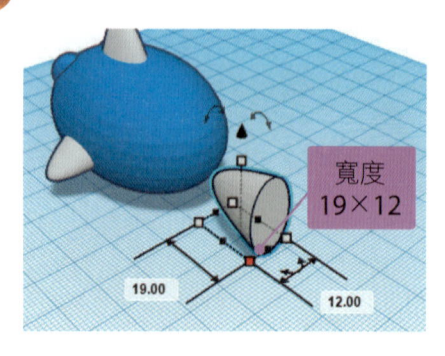

53 寬度 19×12

54 移動左右鍵 - 將尾鰭放適當位置

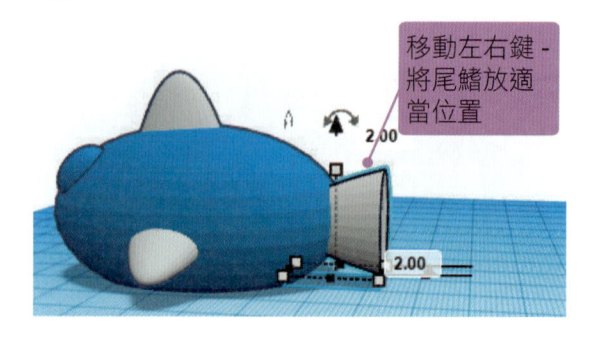

13. 小玩偶 - 金魚

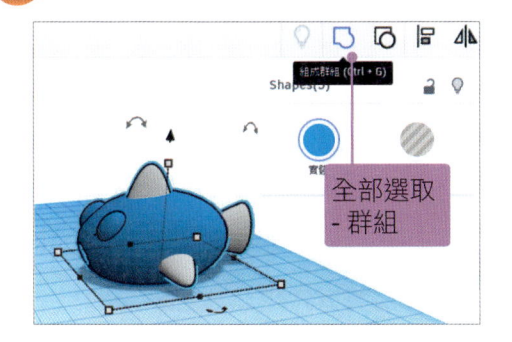

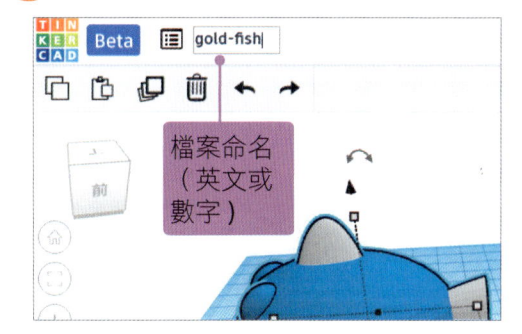

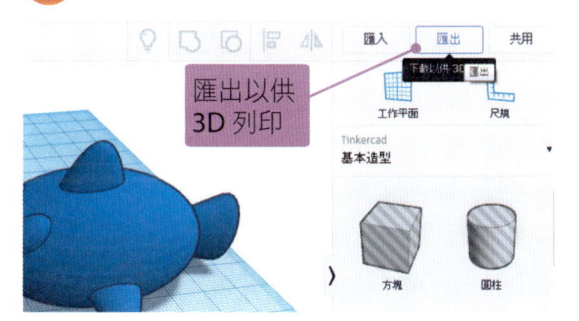

55 全部選取 - 群組

56 檔案命名（英文或數字）

57 匯出以供 3D 列印

58 存成 .STL 檔

59 選取 Beta - 回到首頁

60 出現新建模型

🔷 轉檔軟體操作：請參考前面 4-10 節山盟海誓的戒指之範例

🔷 3D列印步驟：請參考前面 4-1 節專屬吊牌之範例

117

4-14 客製化置物盒 （123D Design）

01 選取方形體

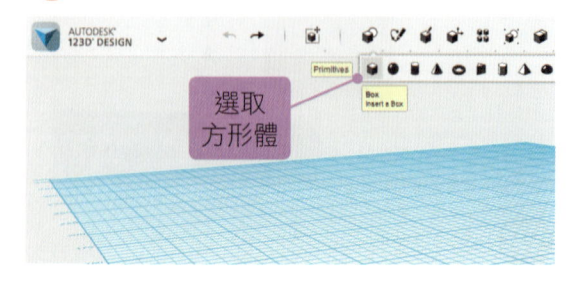

02 長寬高為 50×70×35

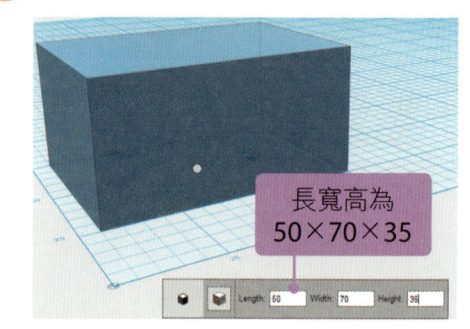

03 先複製 Ctrl+c Ctrl+v 再選取移動鍵

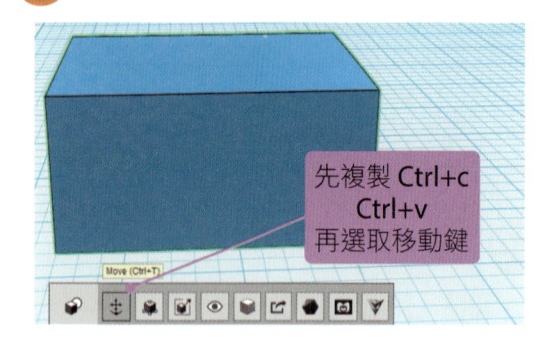

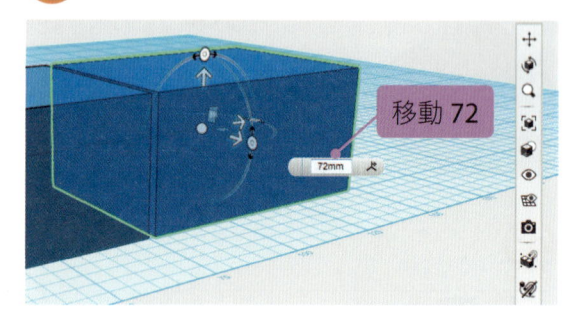

04 移動 72

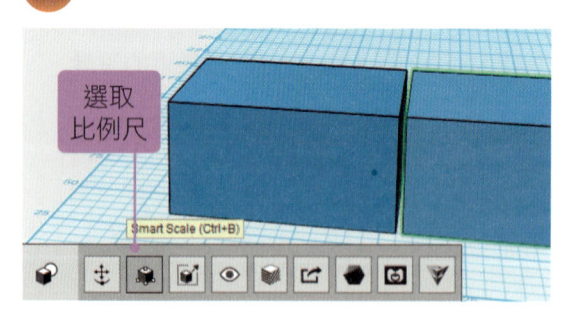

05 選取比例尺

06 尺寸改為 64×44×35

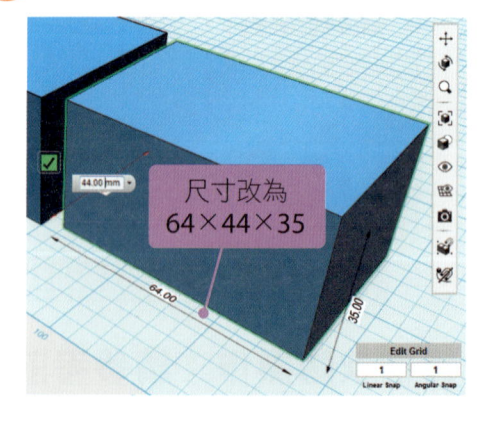

14. 客製化置物盒

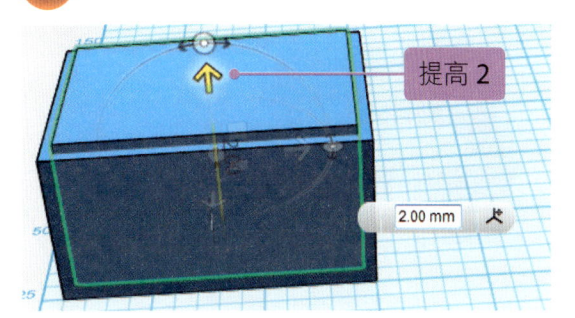

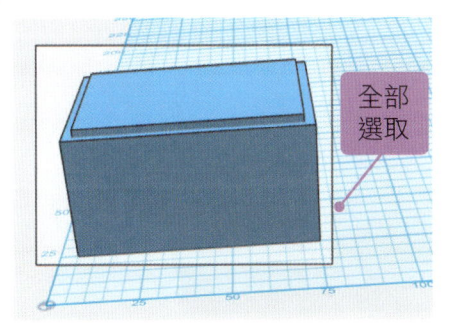

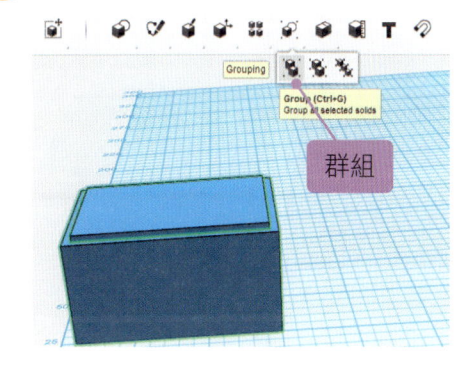

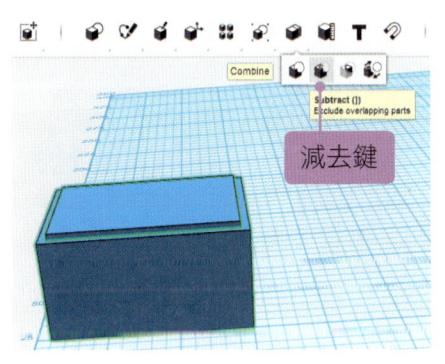

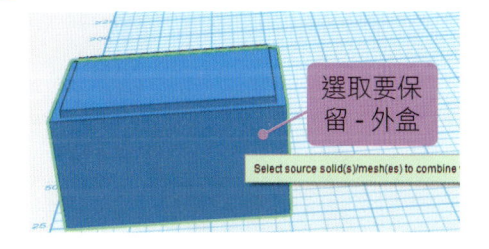

07 將縮小的長方體，移入大長方體內

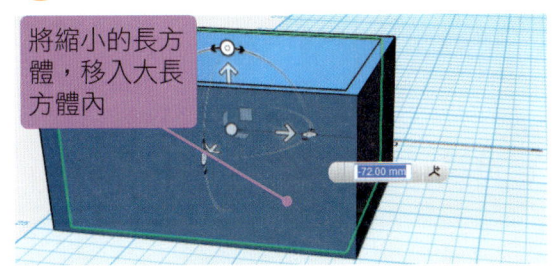

08 提高 2

09 全部選取

10 群組

11 減去鍵

12 選取要保留 - 外盒

13 全部選取

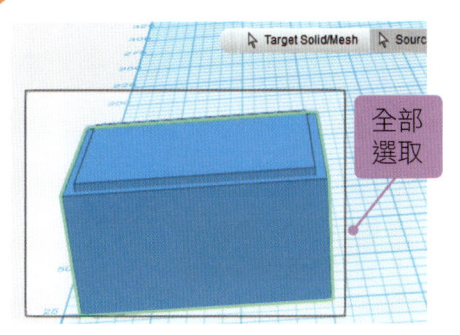

14 在網格上點一下，即呈中空

119

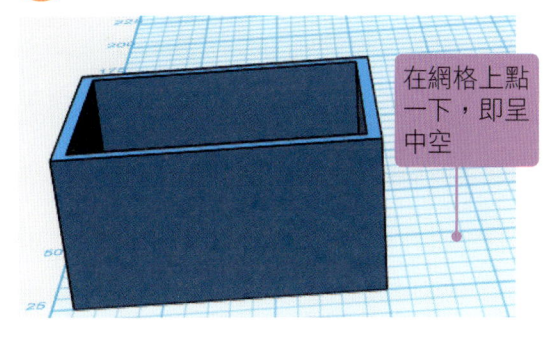

⑮ 再繪一長方體 - 46×70×2.5

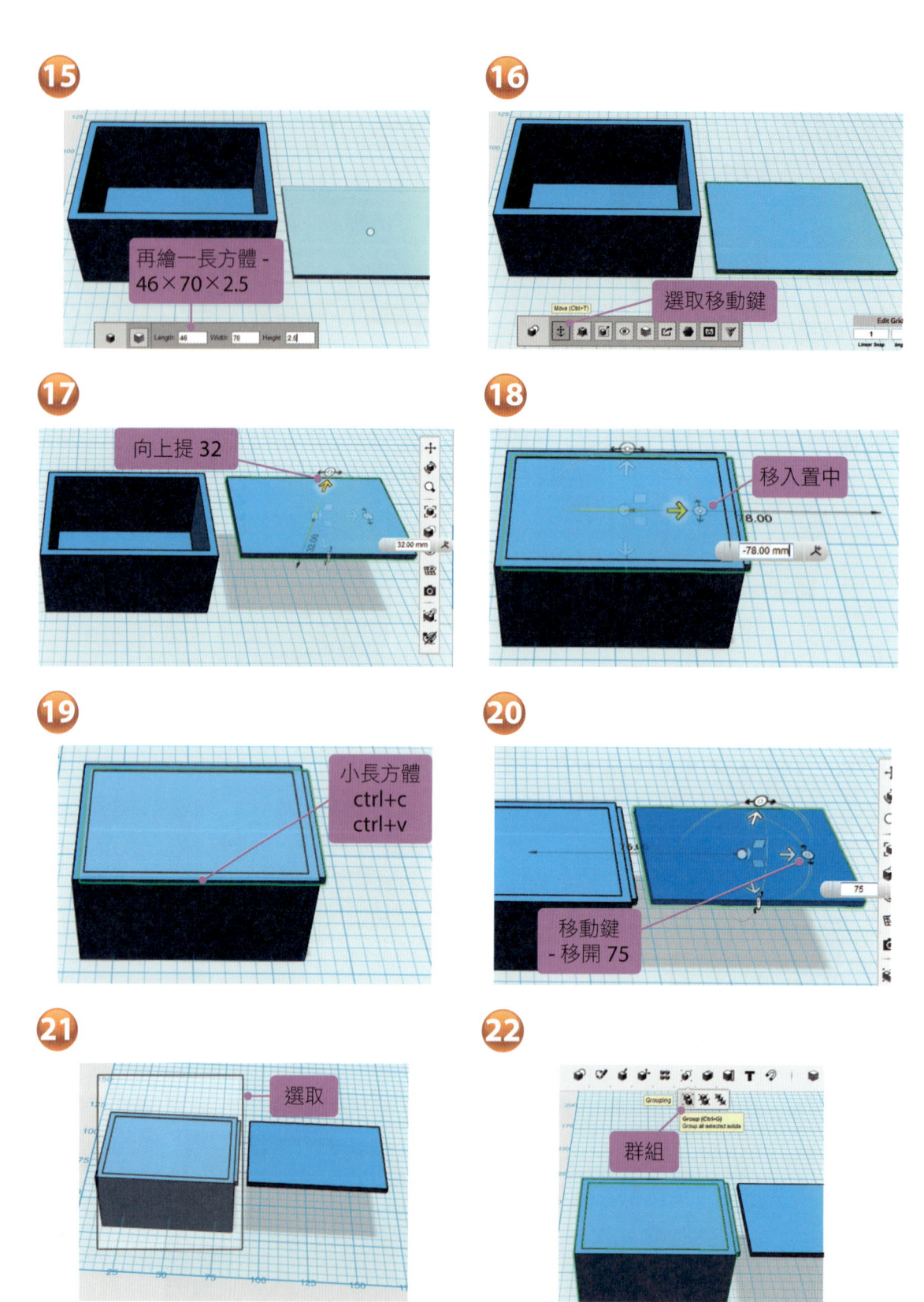

⑯ 選取移動鍵

⑰ 向上提 32

⑱ 移入置中

⑲ 小長方體 ctrl+c ctrl+v

⑳ 移動鍵 - 移開 75

㉑ 選取

㉒ 群組

14. 客製化置物盒

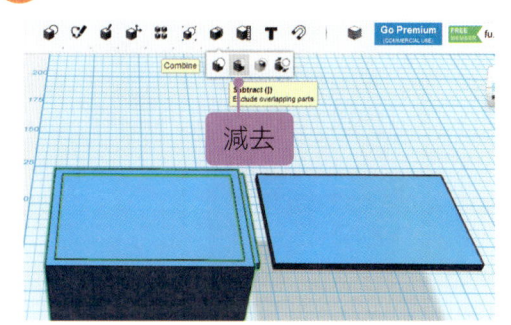

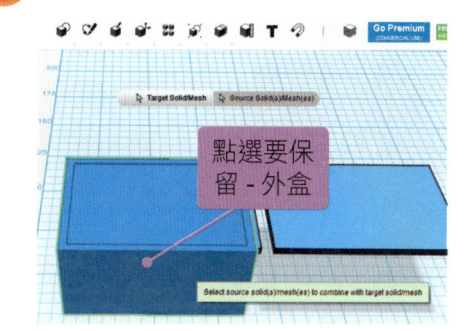

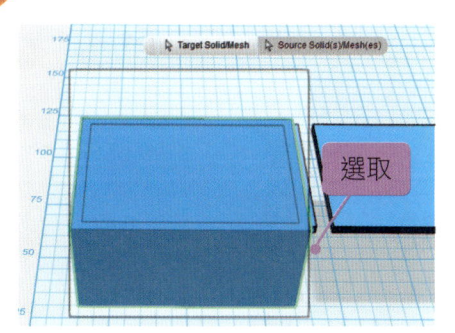

23 減去

24 點選要保留 - 外盒

25 選取

26 小長方體消失出現溝槽

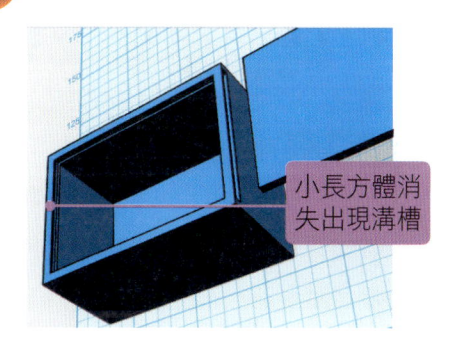

27 選取小長方體 - 比例尺

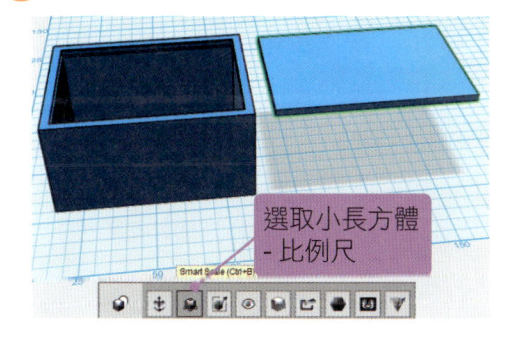

28 小長方體改為 6×44×2.5

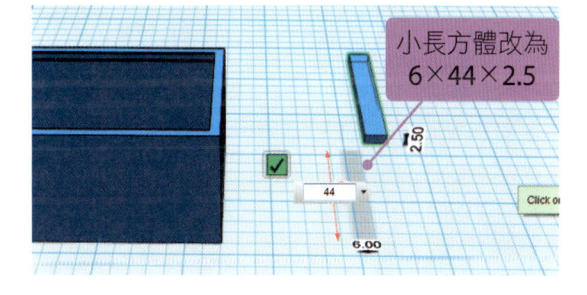

29 小長方體移入要去掉部分

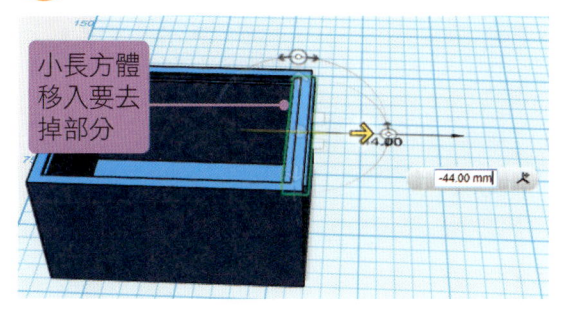

30 向上提高蓋住去掉部分

121

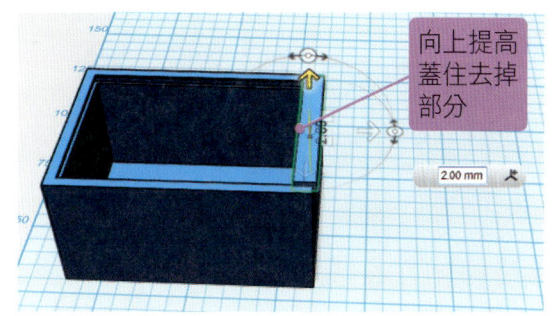

31 精確對準要去掉的部分

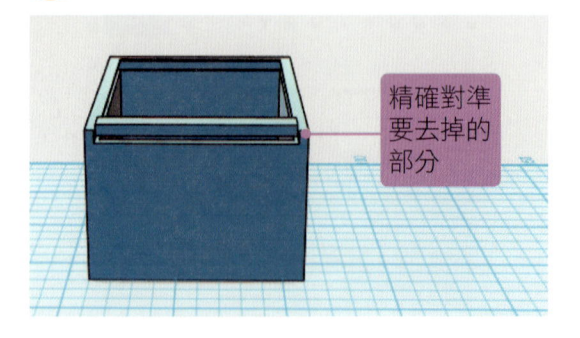

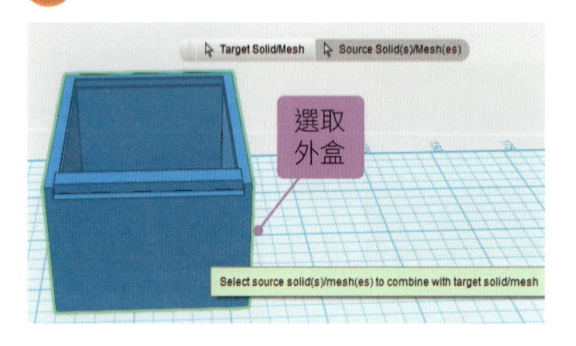

32 全部選取

33 群組

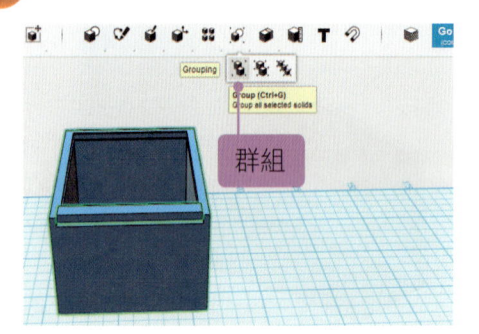

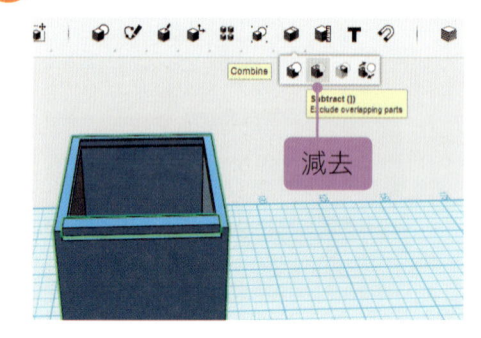

34 減去

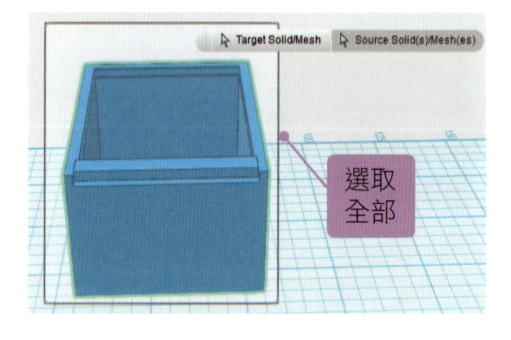

35 選取外盒

36 選取全部

37 網格上按一下完成盒子主體並存檔

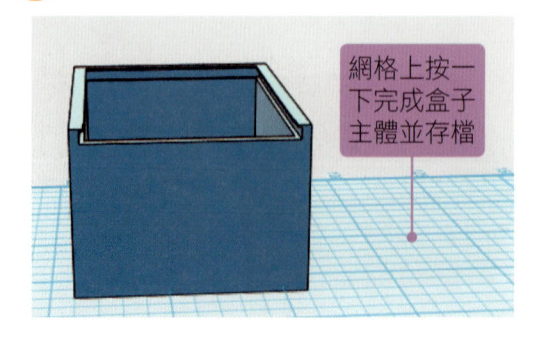

38 存檔 - Export as 3D-STL 檔

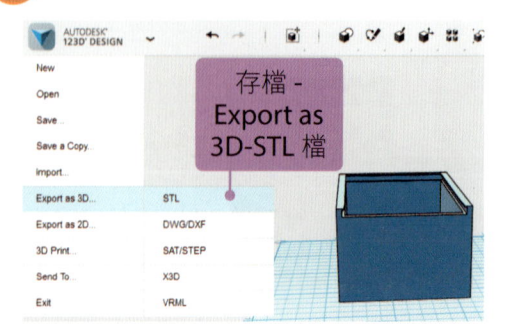

14. 客製化置物盒

㊴

Mesh Tessellation Setting
○ Coarse　● Medium　○ Fine
□ Combine Objects
□ Export as ASCII

OK

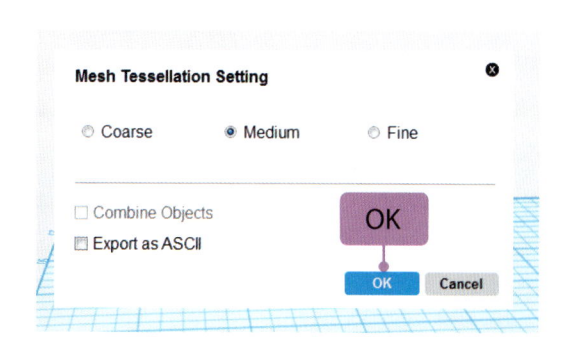

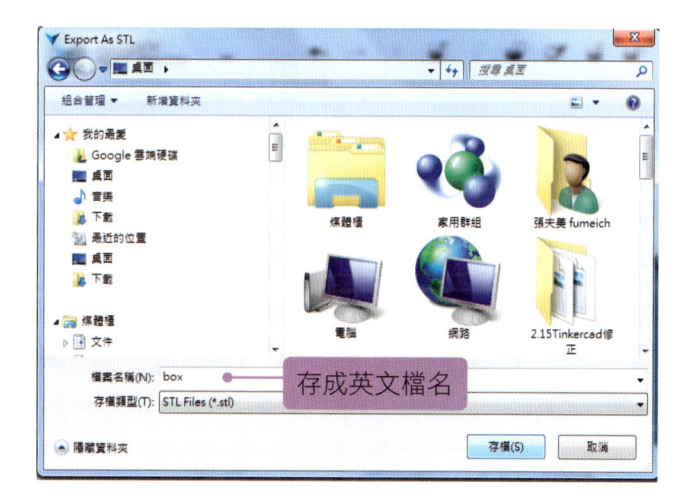

㊵

檔案名稱(N): box — 存成英文檔名
存檔類型(T): STL Files (*.stl)

📦 範例14-1　盒蓋

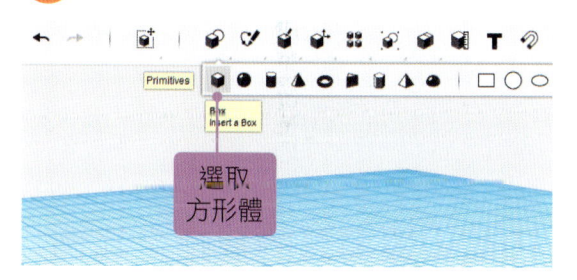

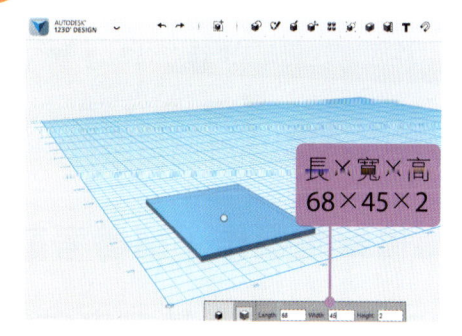

01 選取方形體

02 長×寬×高 68×45×2

03 選取 T

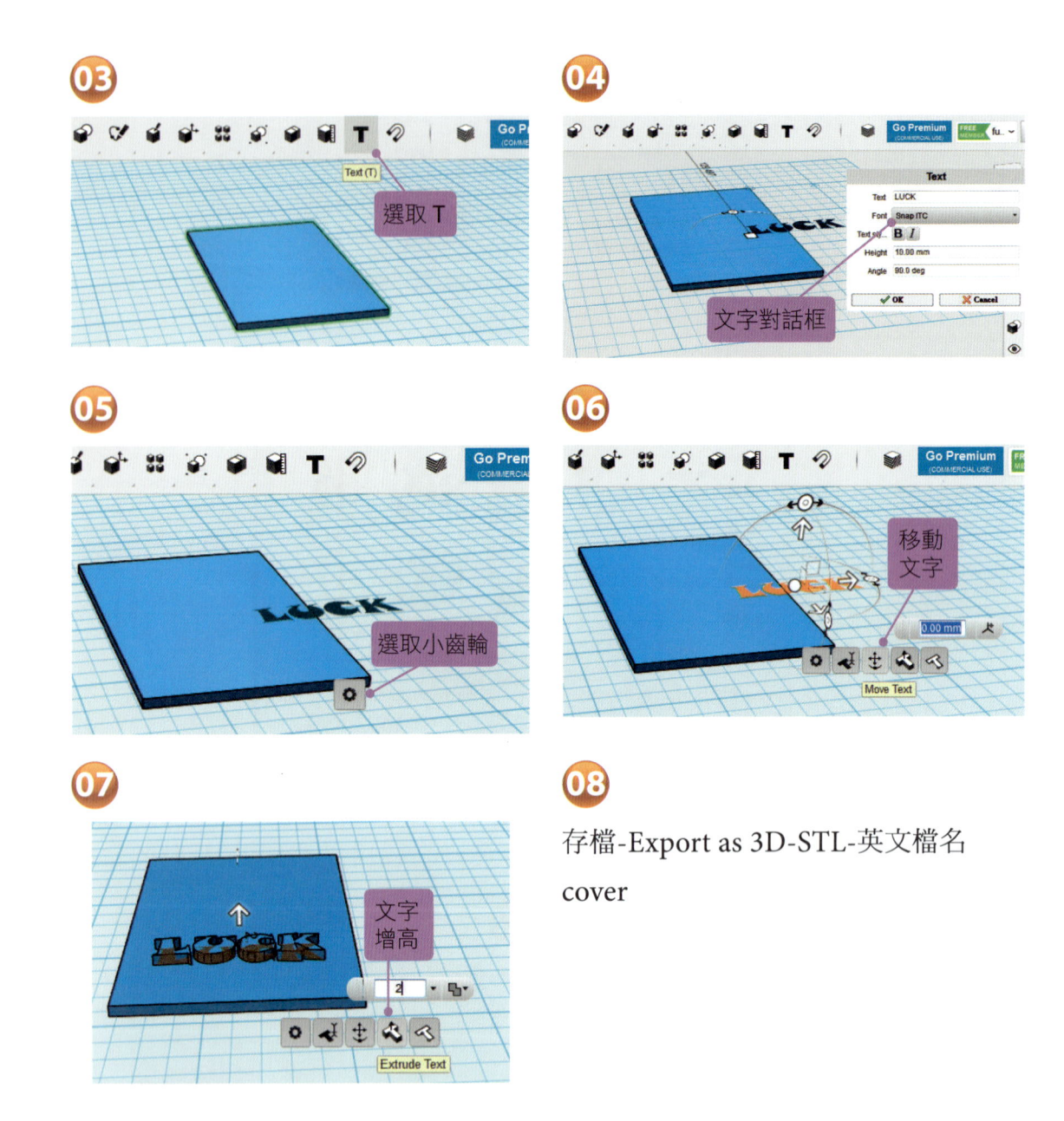

04 文字對話框

05 選取小齒輪

06 移動文字

07 文字增高

08

存檔-Export as 3D-STL-英文檔名 cover

🔷 **轉檔軟體操作**：請參考前面4-10節山盟海誓的戒指之範例

🔷 **3D列印步驟**：請參考前面4-1節專屬吊牌之範例

15. 曲線瓶

4-15 曲線瓶 （123D Design）

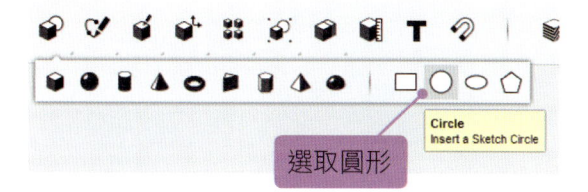

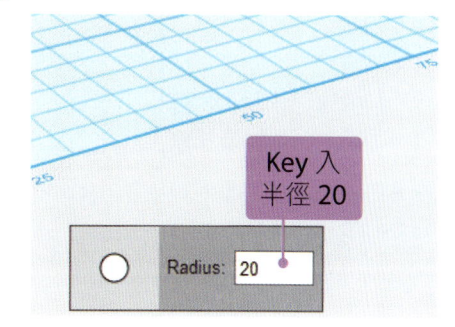

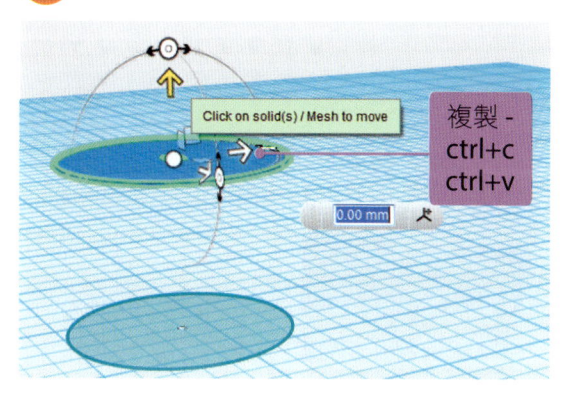

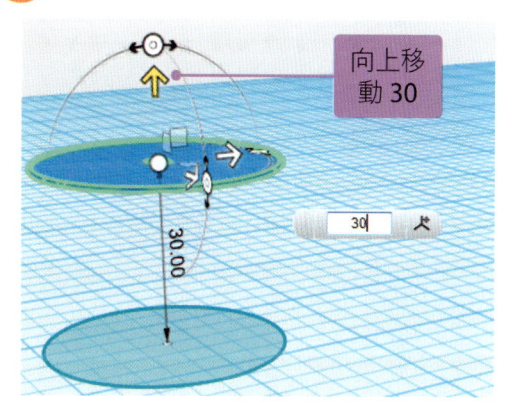

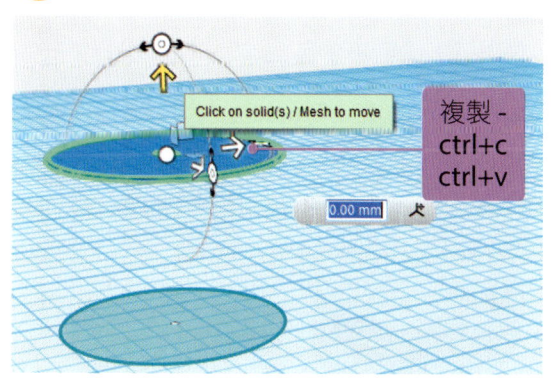

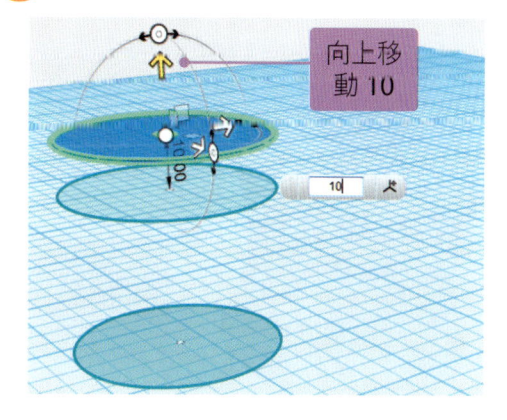

01 選取圓形

02 Key 入半徑 20

03 複製 - ctrl+c ctrl+v

04 向上移動 30

05 複製 - ctrl+c ctrl+v

06 向上移動 10

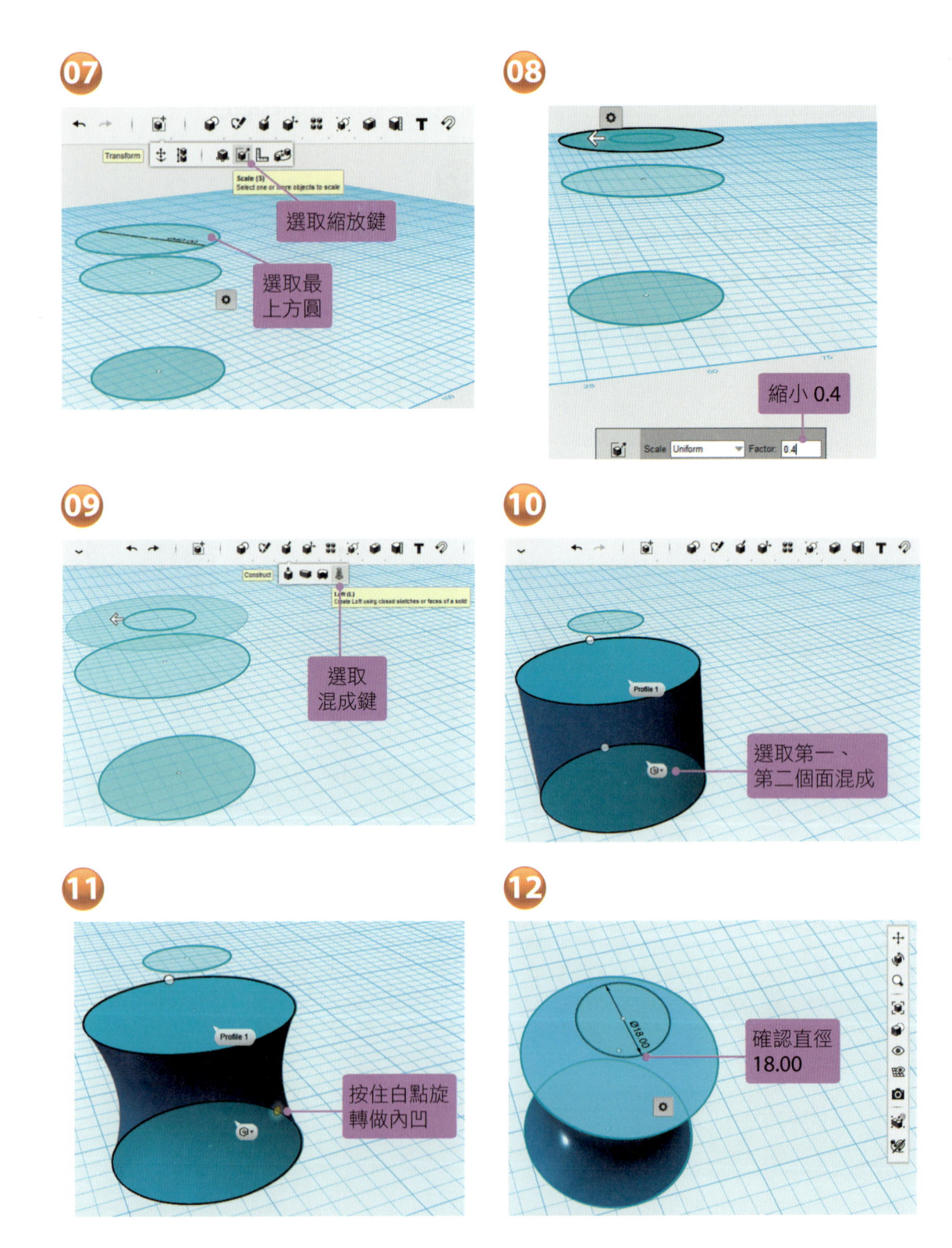

畫出璀璨・列印夢想－從 3D 列印輕鬆動手玩創意

07 選取縮放鍵　選取最上方圓

08 縮小 0.4

09 選取混成鍵

10 選取第一、第二個面混成

11 按住白點旋轉做內凹

12 確認直徑 18.00

126

15. 曲線瓶

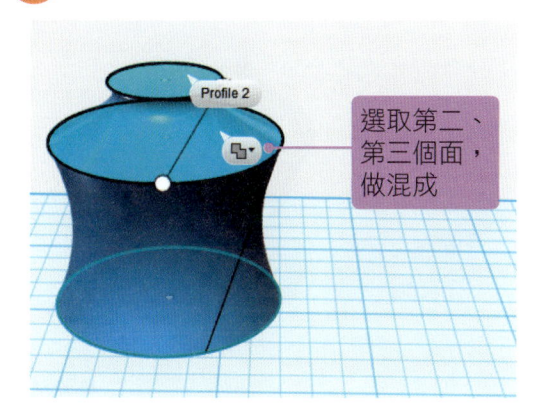

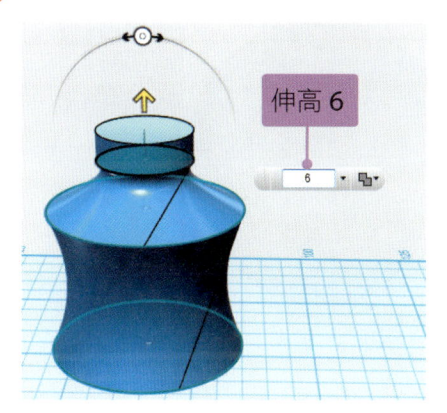

13 選取第二、第三個面，做混成

Profile 2

14 選取伸高鍵

15 伸高 6

16 選取倒角

17 選取瓶身

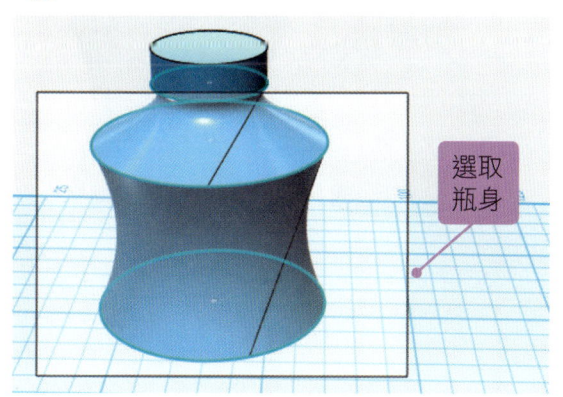

18 倒角 2

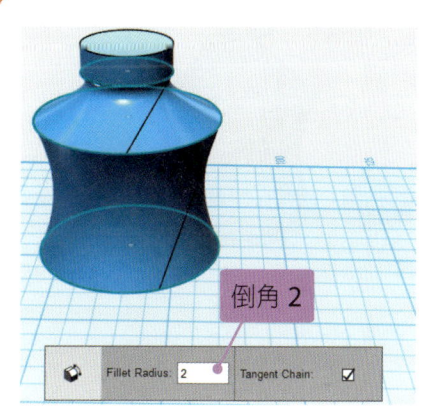

Fillet Radius: 2　Tangent Chain: ☑

127

19 選取薄殼鍵

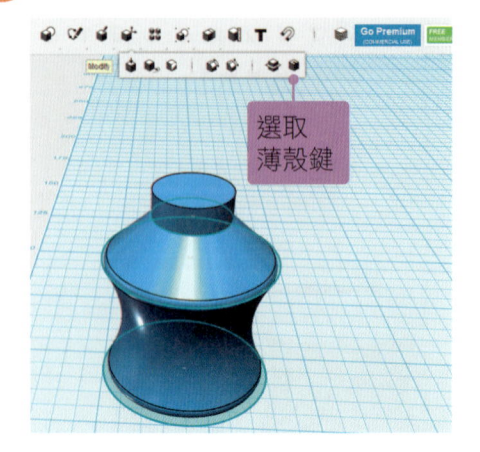

20 薄殼 1.0，inside

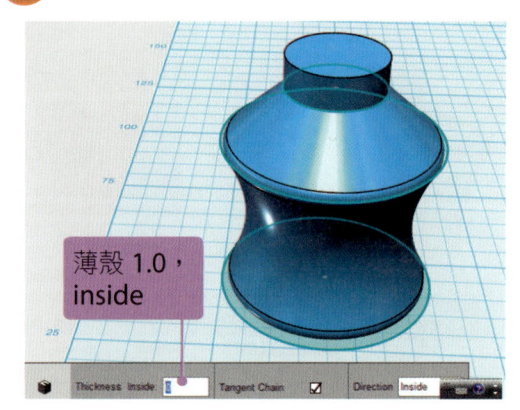

21 點選瓶口，即呈薄殼狀

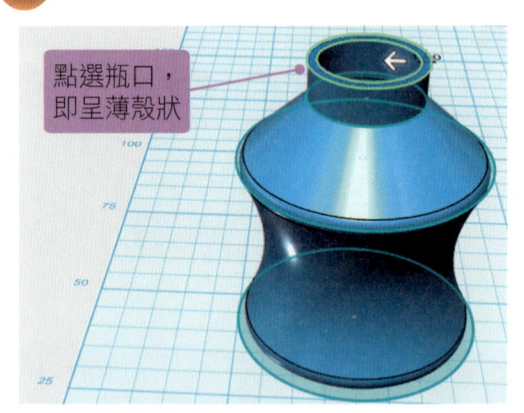

22 另畫出一個瓶蓋半徑 9.25

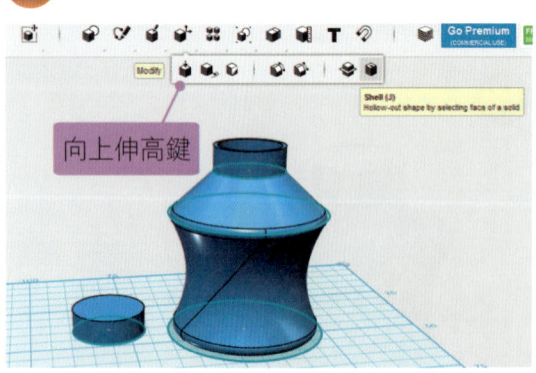

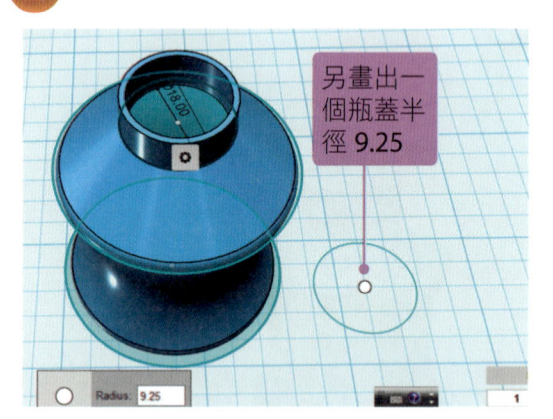

23 向上伸高鍵

24 向上伸高 6

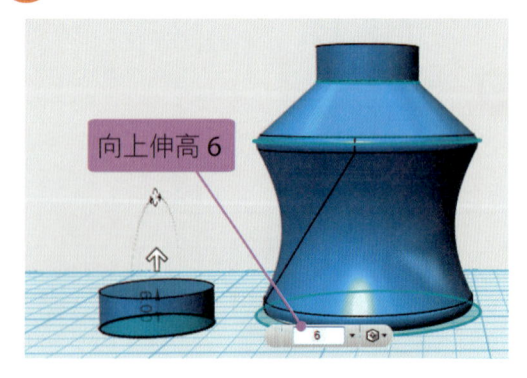

15. 曲線瓶

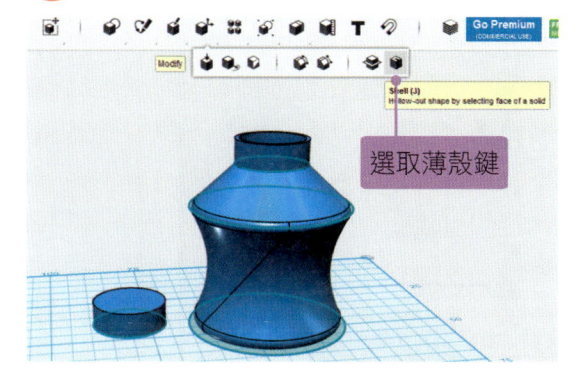

25 選取薄殼鍵

26 選 Outside 厚度 1

27 點一下即呈中空

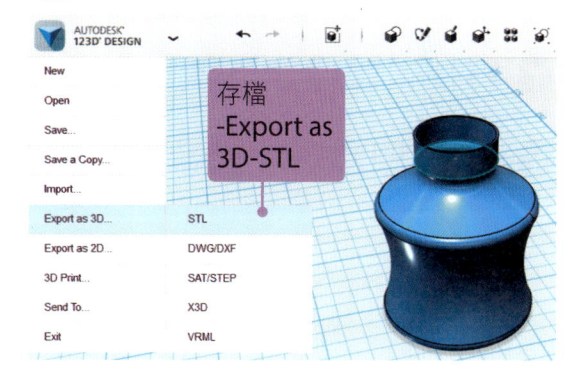

28 存檔 -Export as 3D-STL

29 OK

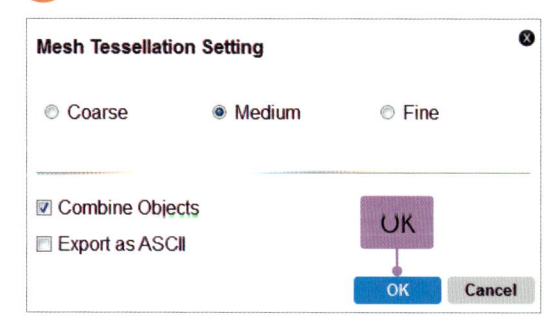

129

㉚

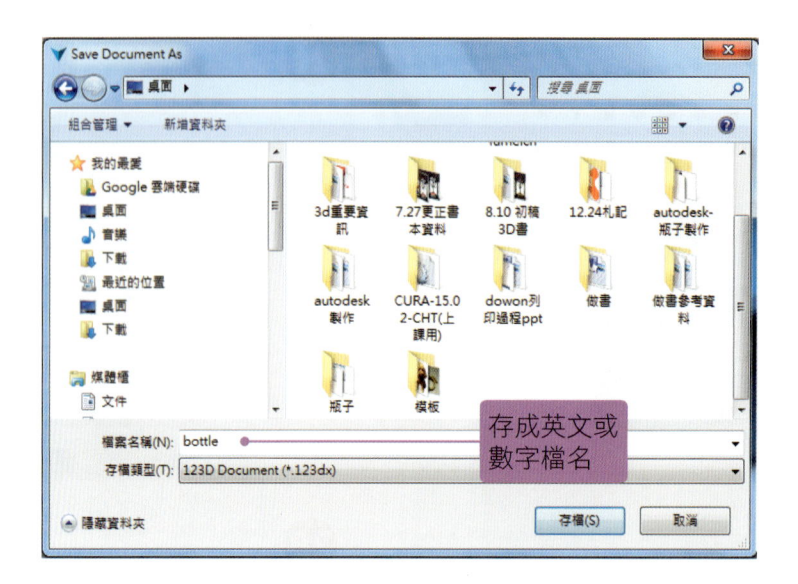

存成英文或數字檔名

🟦 **轉檔軟體操作：請參考前面4-10節山盟海誓的戒指之範例**

🟦 **3D列印步驟：請參考前面4-1節專屬吊牌之範例**

16. 獨特存錢筒

4-16 獨特存錢筒 （123D Design）

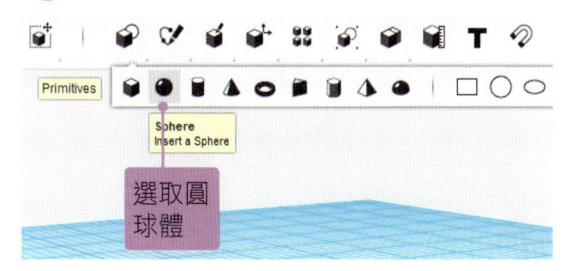

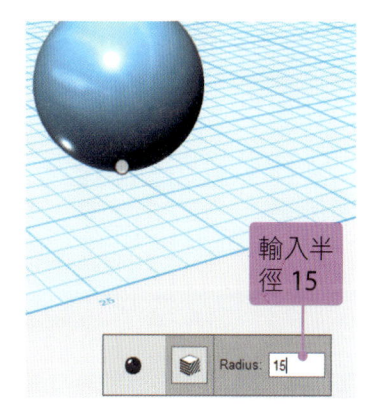

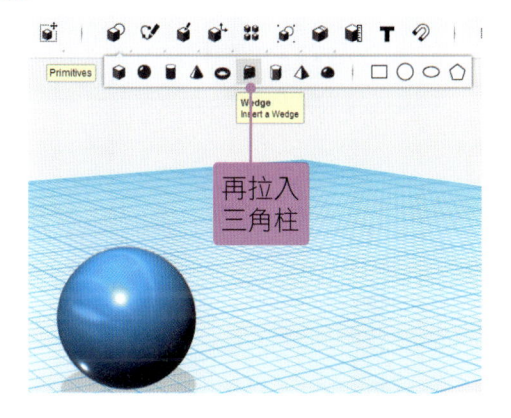

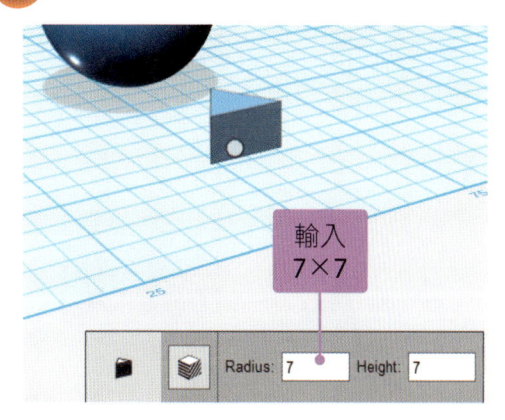

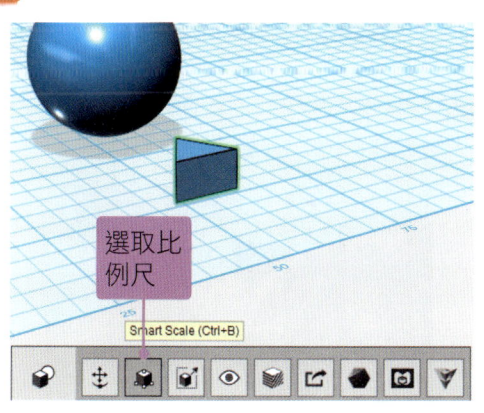

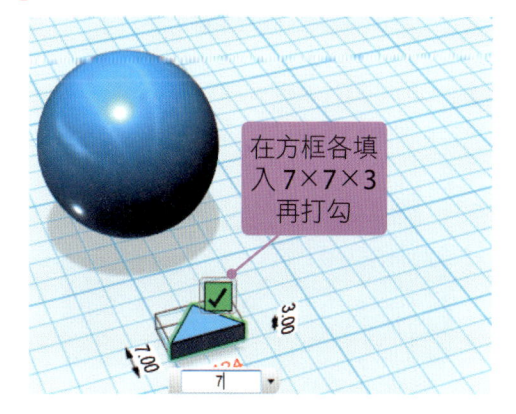

01 選取圓球體

02 輸入半徑 15

03 再拉入三角柱

04 輸入 7×7

05 選取比例尺

06 在方框各填入 7×7×3 再打勾

131

07 選取移動

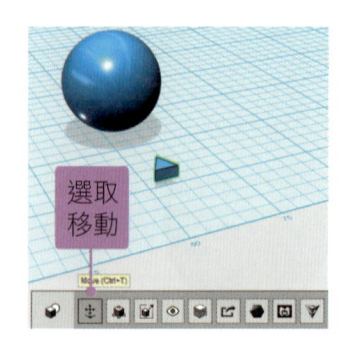

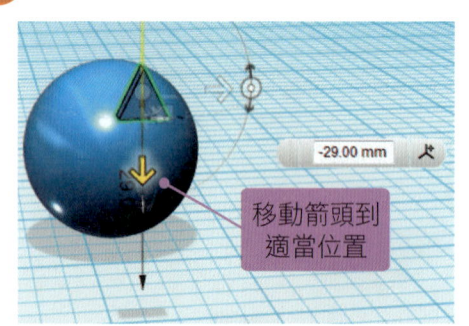

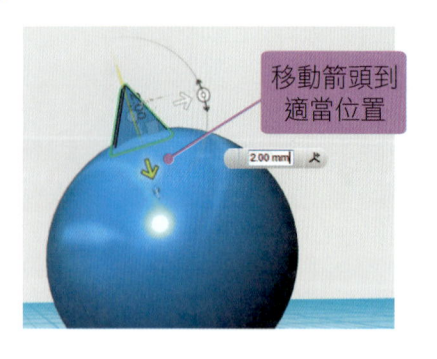

08 垂直旋轉 90°

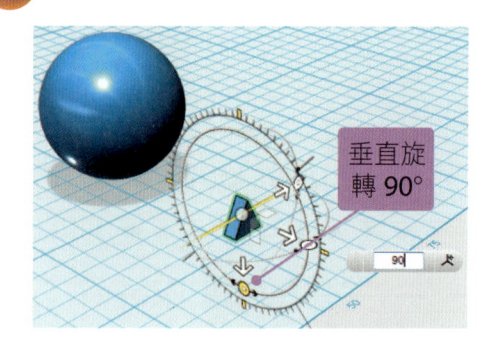

09 移動箭頭到適當位置

10 旋轉角度

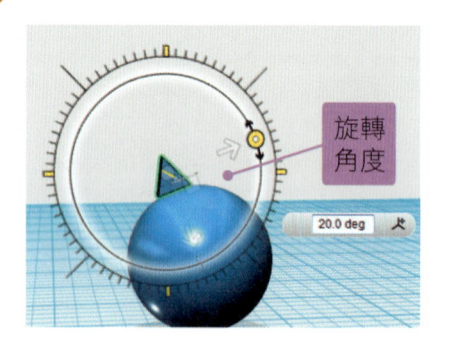

11 移動箭頭到適當位置

12 選取三角形 ctrl+c ctrl+v

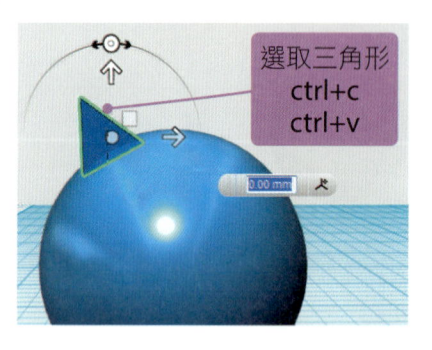

13 另一個三角形移到相對位置

14 旋轉角度

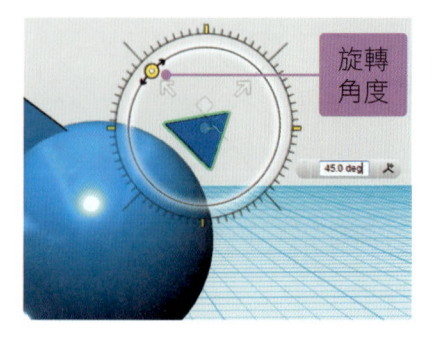

16. 獨特存錢筒

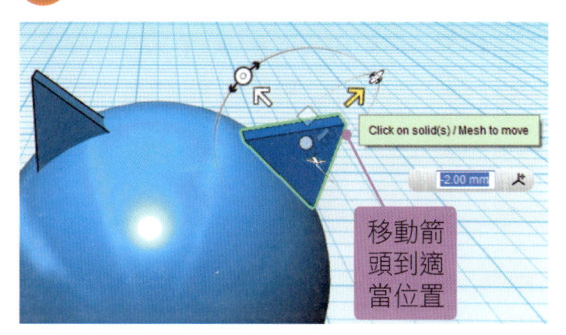

15 移動箭頭到適當位置

16 旋轉網格查看各相關位置

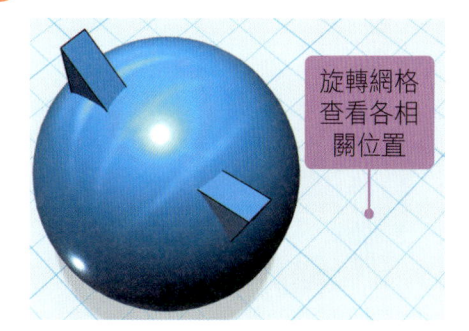

17 選取圓球體

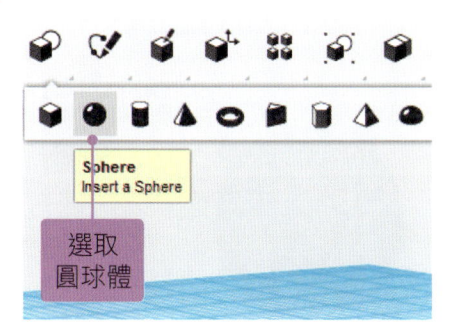

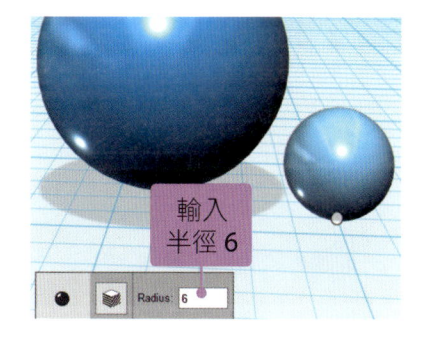

18 輸入半徑 6

19 提高 15-再移動左右鍵

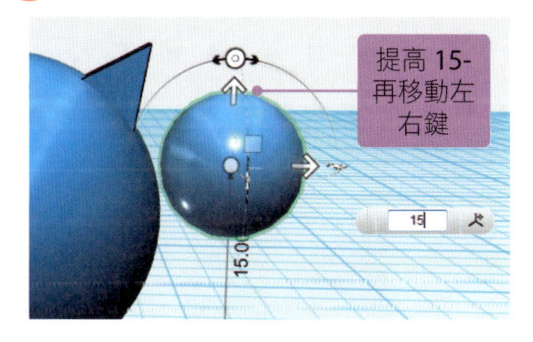

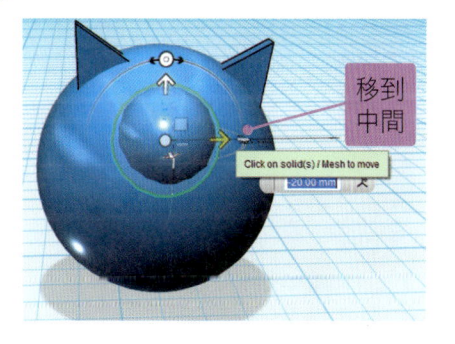

20 移到中間

21 再輸入一個半徑 3 圓球體

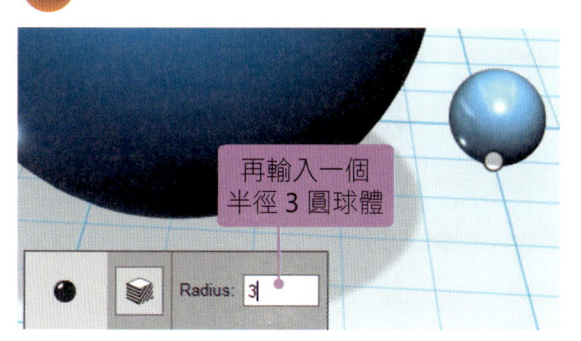

22 移動箭頭到適當位置

133

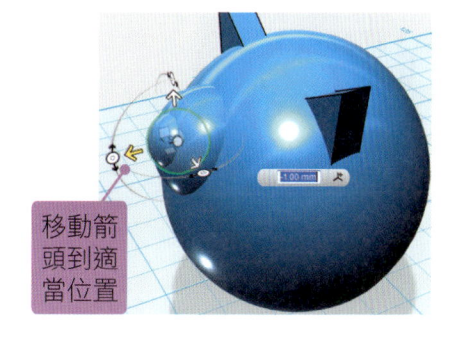

23 選取全部

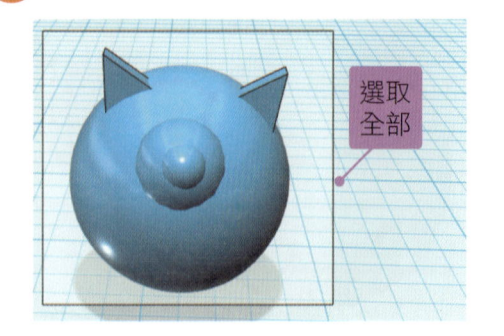

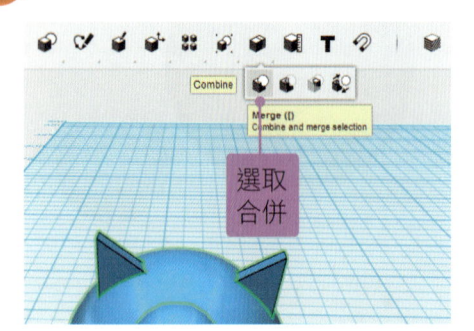

24 Group-群組

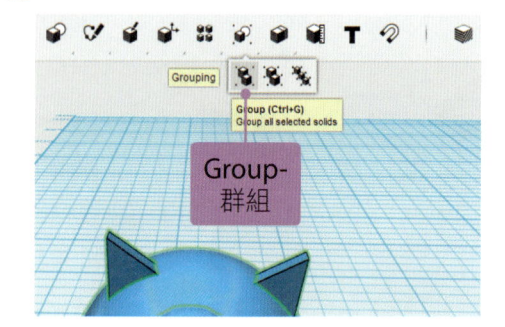

25 選取合併

26 按住 shift 選取要合併的每個部分

27 選取全部後，在網格點一下

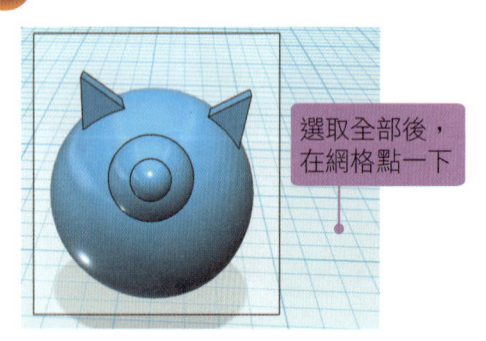

28 選取環形

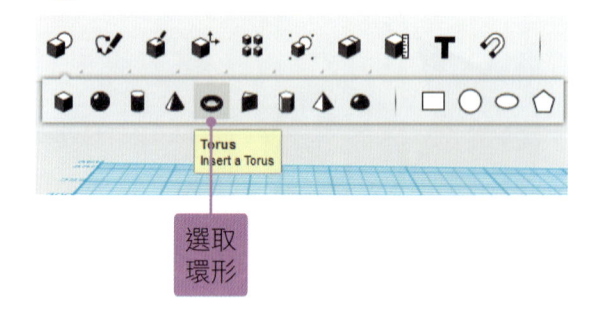

29 再輸入半徑 10×1 環形體

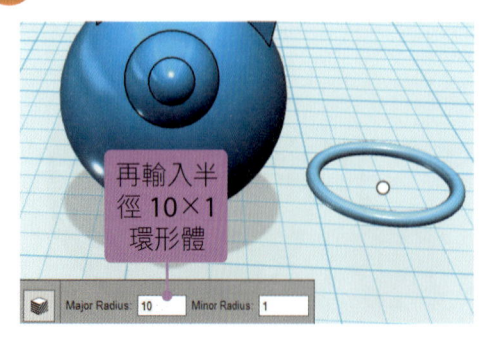

30 選取方形體

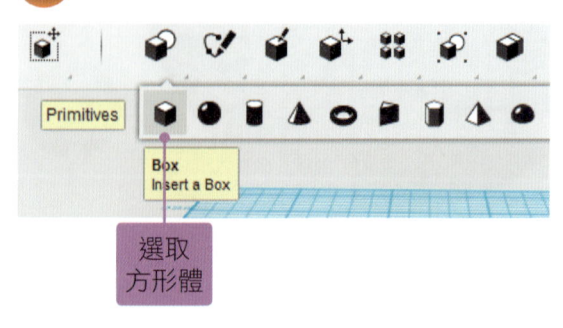

16. 獨特存錢筒

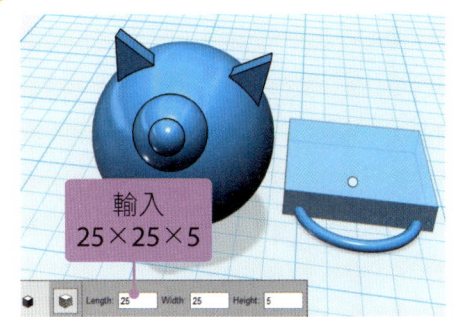

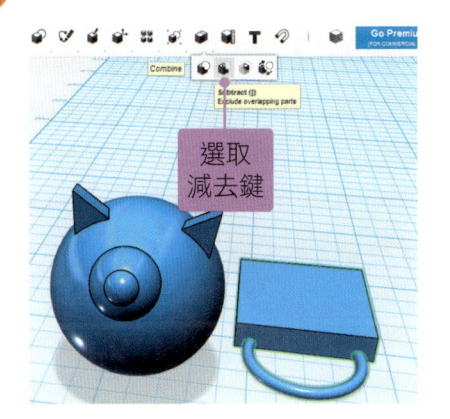

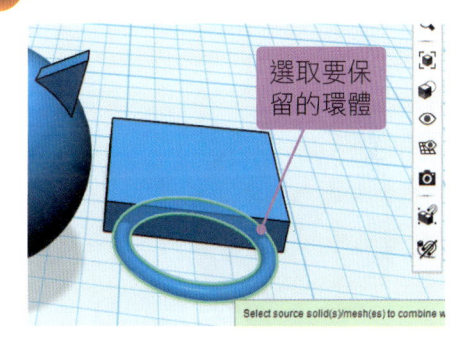

31 輸入 25×25×5

32 群組 - 方體與環體

33 選取減去鍵

34 選取要保留的環體

35 全部選取

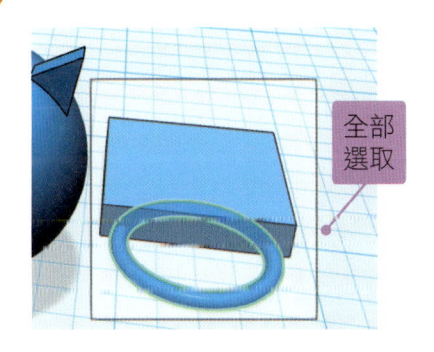

36 留下半環體

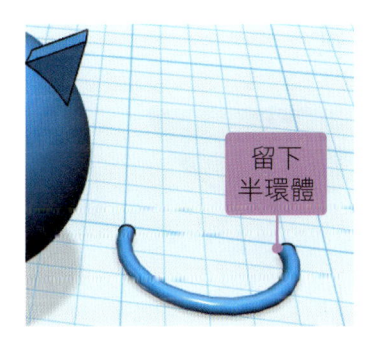

37 移動鍵將環柱旋轉 90°

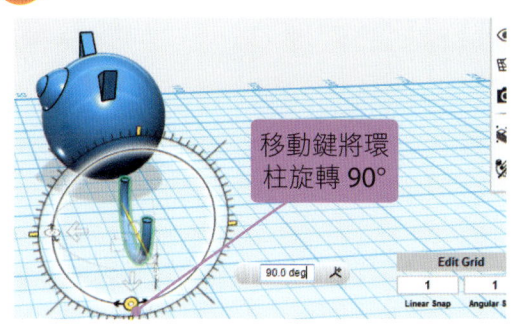

38 移動箭頭 - 到適當位置

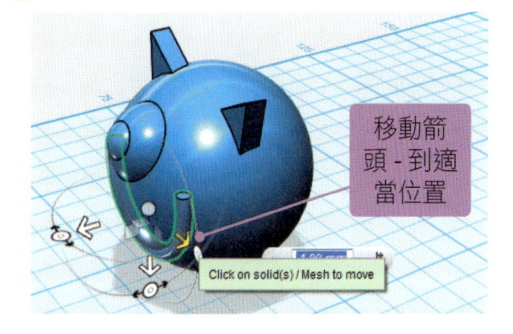

39 旋轉角度貼近圓

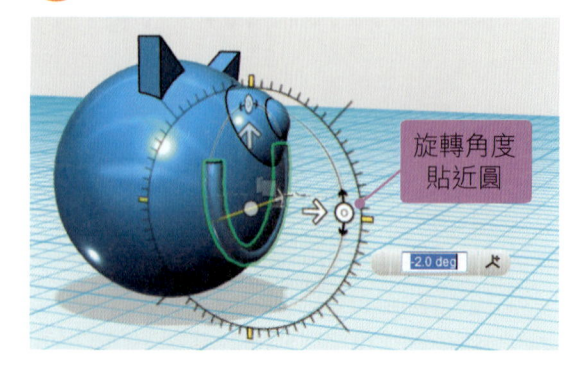

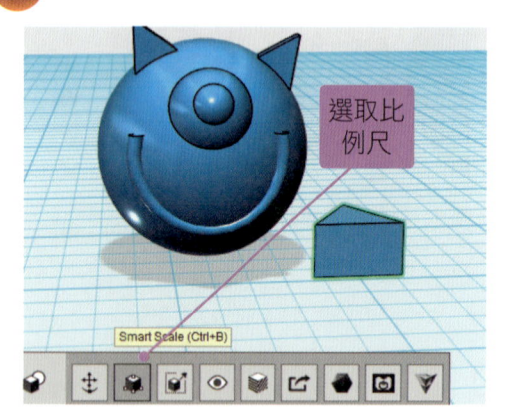

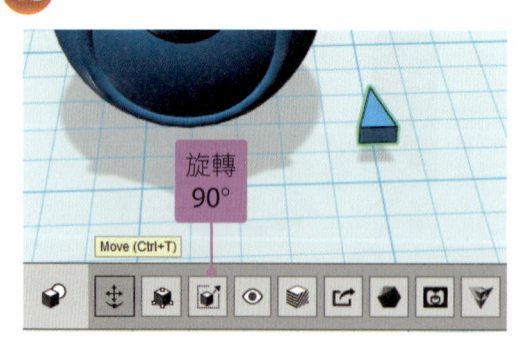

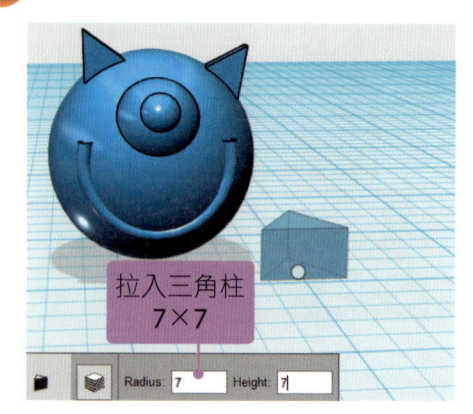

40 拉入三角柱 7×7

41 選取比例尺

42 在方框各填入 7×4×2 再打勾

43 旋轉 90°

44 旋轉 90°

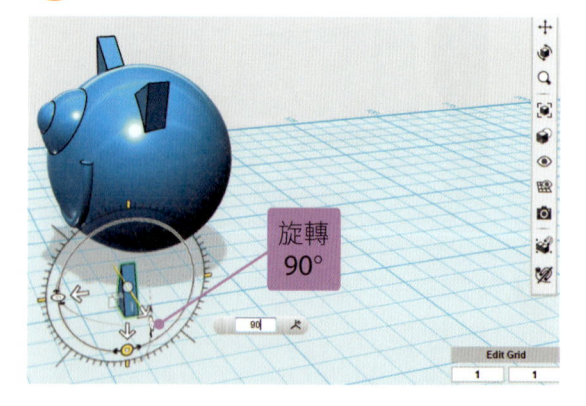

16. 獨特存錢筒

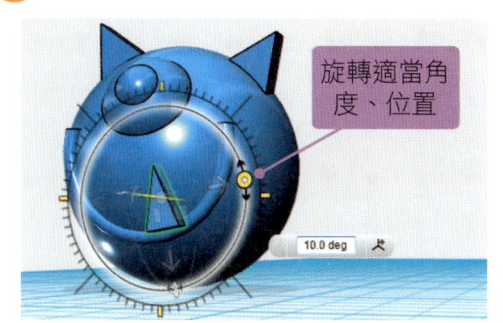

45 旋轉適當角度、位置

46 Ctrl+c Ctrl+v

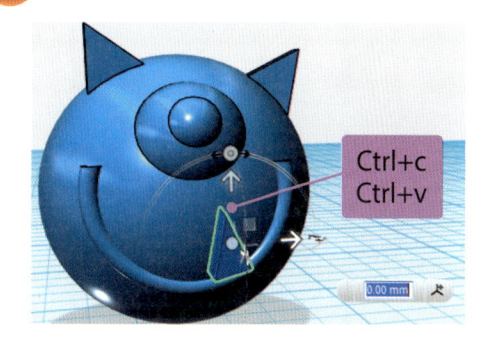

47 移動 - 旋轉到適當位置

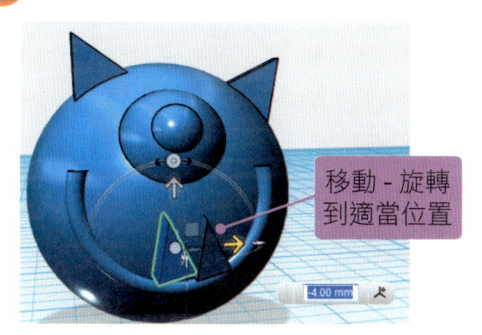

48 旋轉網格查看各相關位置

49 全部選取

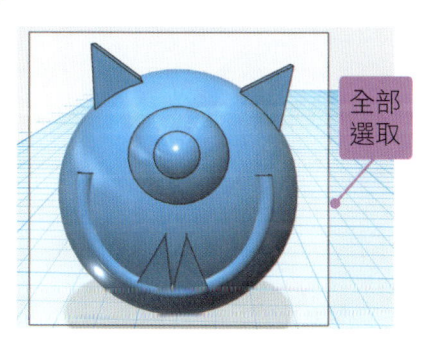

50 群組

51 合併

52 按住 shift 選取要合併每個部分

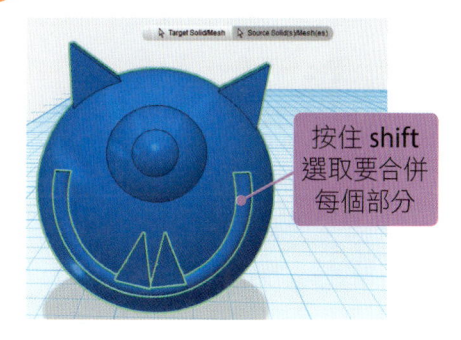

Chapter 4

137

53 全部選取

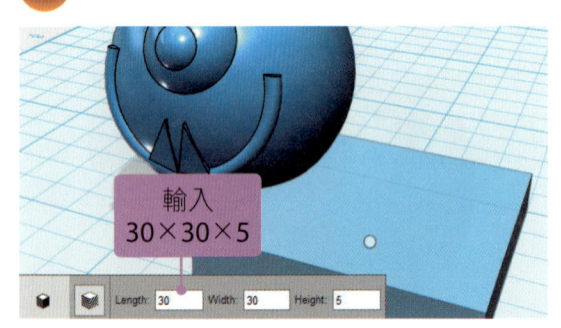

54 選取方形體

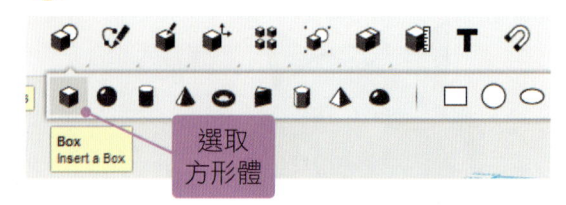

55 輸入 30×30×5

56 鍵盤前後左右鍵移動 - 置中

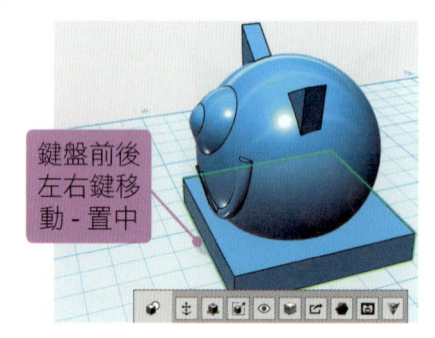

57 再拉入一方形體 2×10×10

58 將方形體下拉

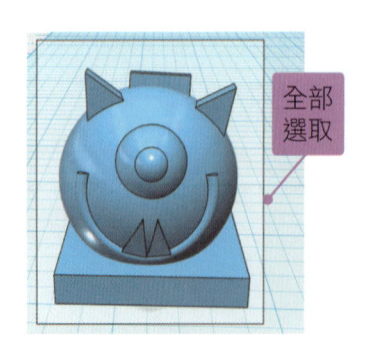

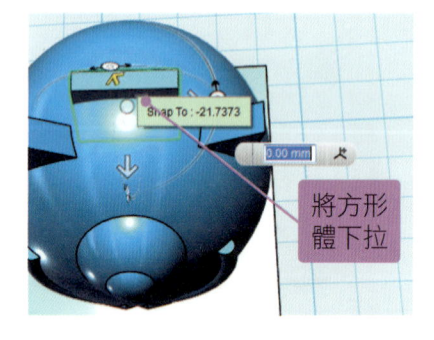

59 全部選取

60 群組

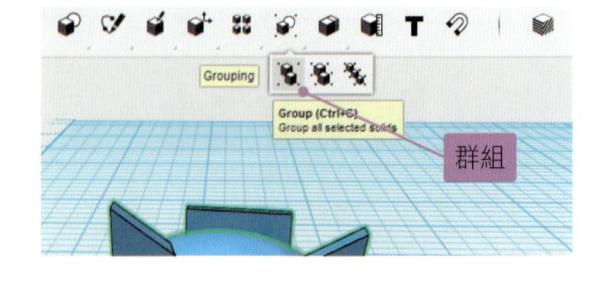

16. 獨特存錢筒

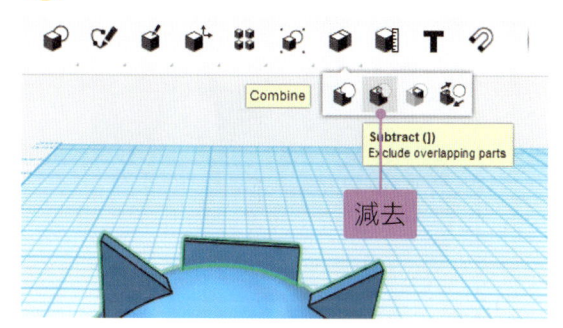

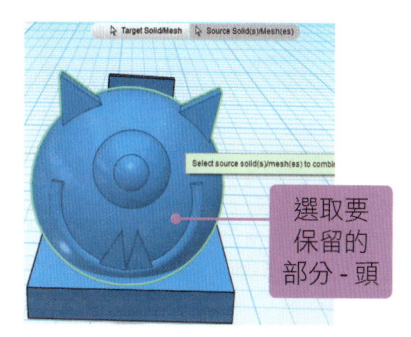

61 減去

62 選取要保留的部分 - 頭

63 全部選取

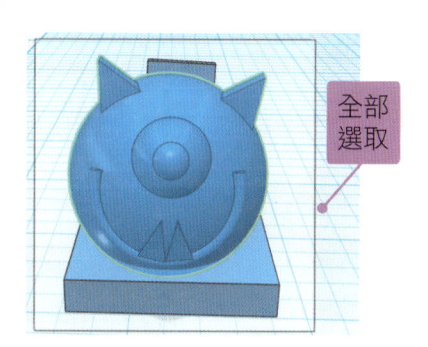

64 深藍是要減去的部分

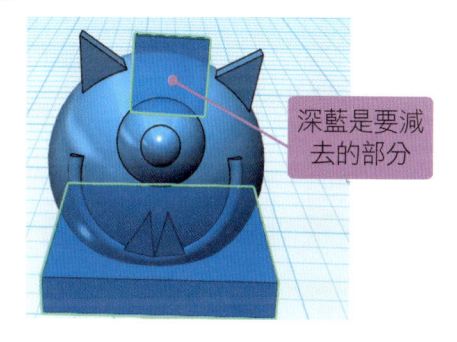

65 在網格上點一下 - 完成

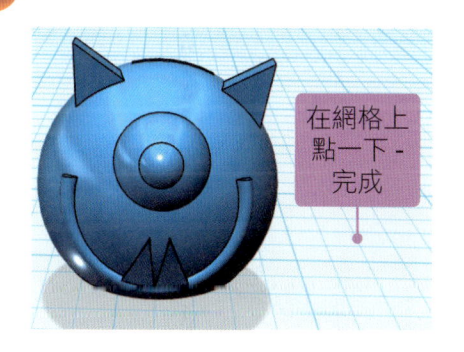

66 選取移動鍵

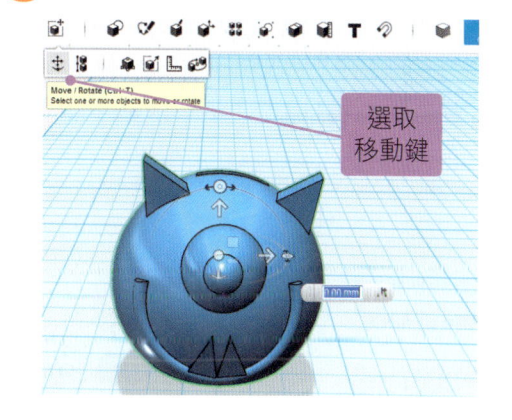

139

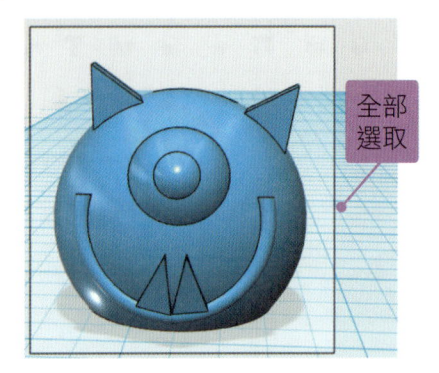

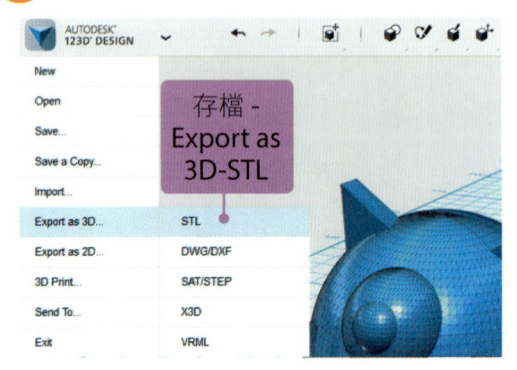

畫出璀璨・列印夢想－從 3D 列印輕鬆動手玩創意

67 頭部往下降 5- 貼平網格

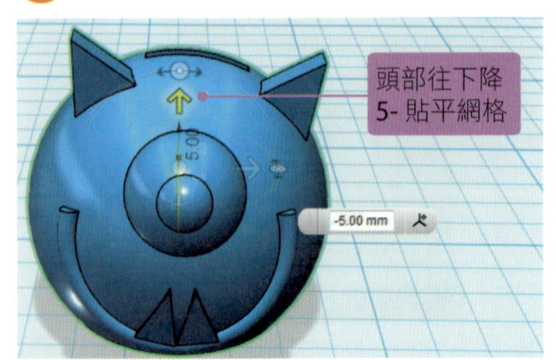

68 全部選取

69 選取薄殼鍵

70 存檔 - Export as 3D-STL

71 OK

140

16. 獨特存錢筒

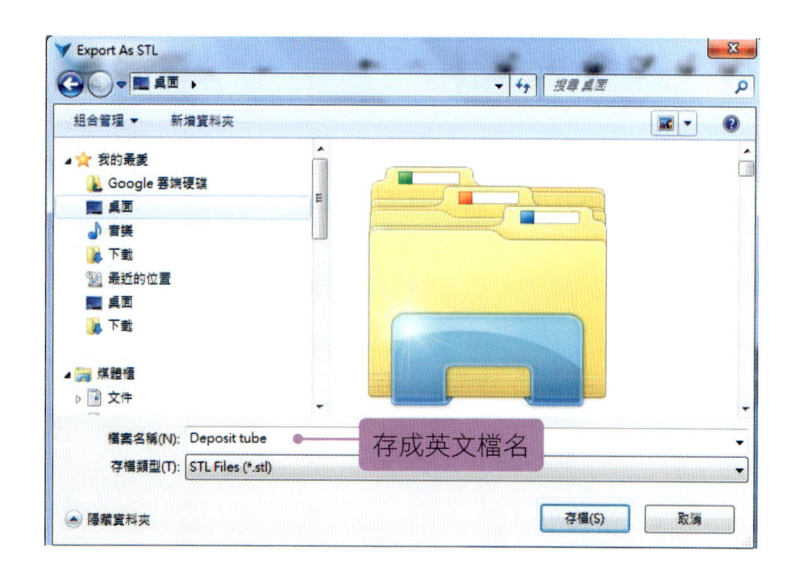

72

存成英文檔名

🔲 **轉檔軟體操作：請參考前面4-10節山盟海誓的戒指之範例**

🔲 **3D列印步驟：請參考前面4-1節專屬吊牌之範例**

4-17 螺絲與螺帽 （123D Design）

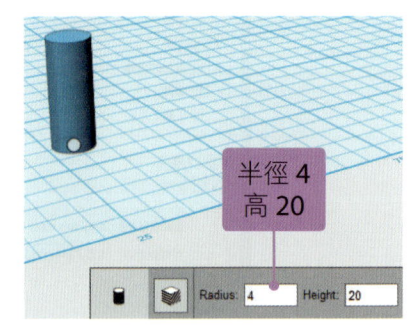

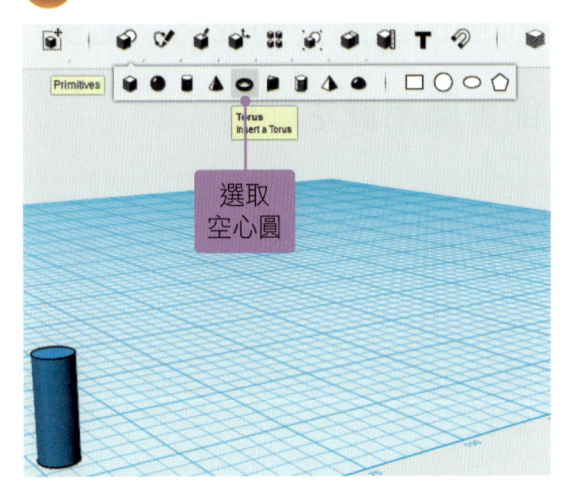

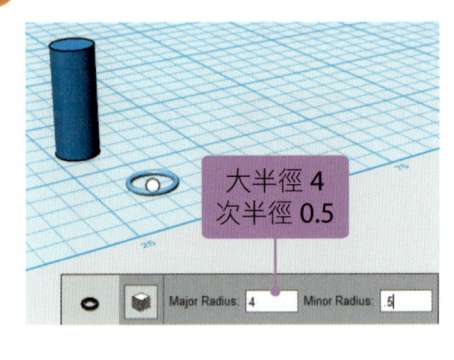

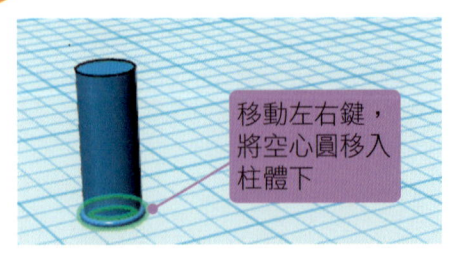

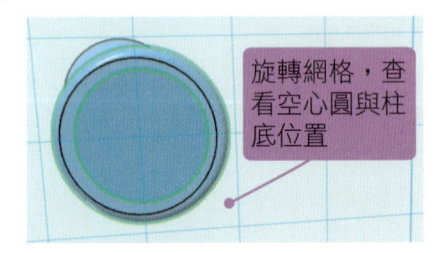

01 選取圓柱體

02 半徑 4　高 20

03 選取空心圓

04 大半徑 4　次半徑 0.5

05 移動左右鍵，將空心圓移入柱體下

06 旋轉網格，查看空心圓與柱底位置

17. 螺絲與螺帽

Chapter 4

07 旋轉網格，柱頂朝上

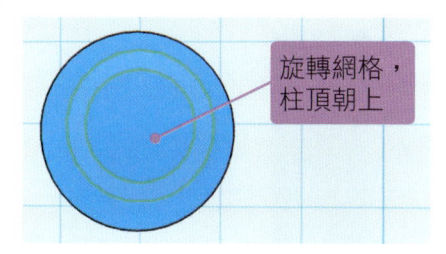

08 草圖裡選取折線鍵

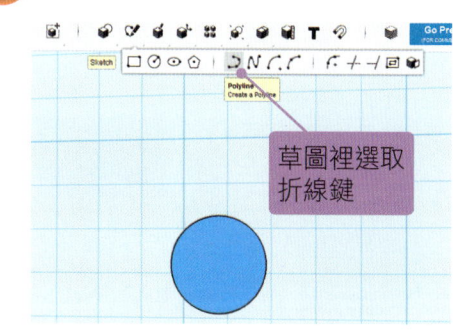

09 起點往圓中心切過後，打勾
12.428 mm

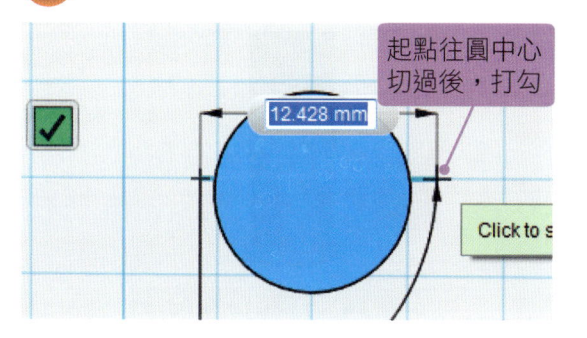

10 旋轉網格，看見線切空心圓

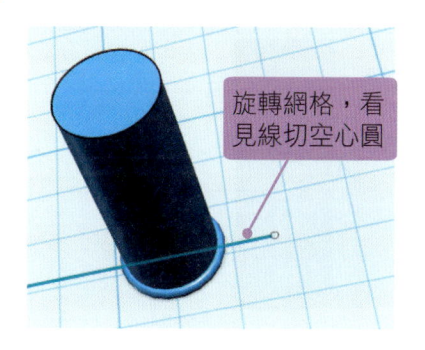

11 旋轉網格底部，查看是否正切二個半心圓

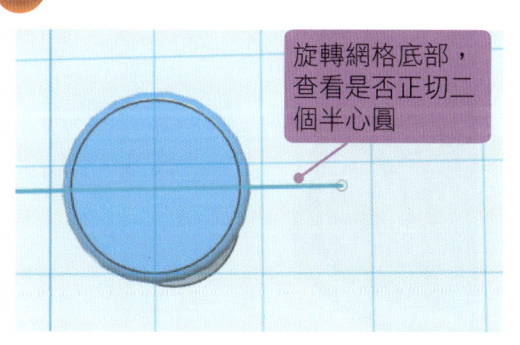

12 選取空心圓

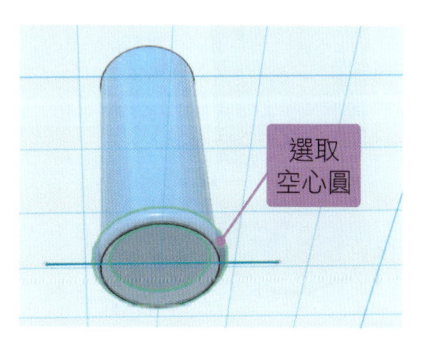

13 實體切割鍵

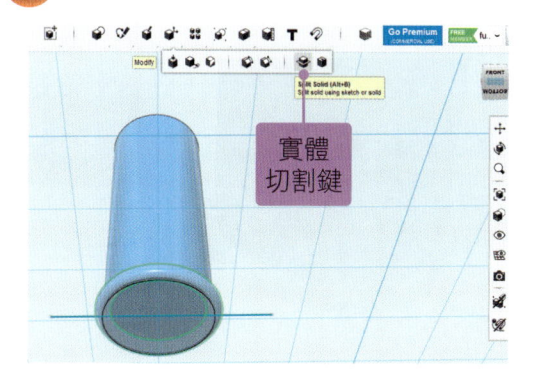

14 拆分實體

143

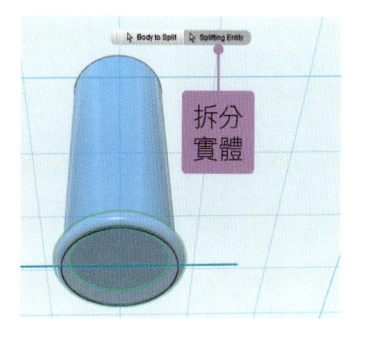

15 按線段，出現紅框

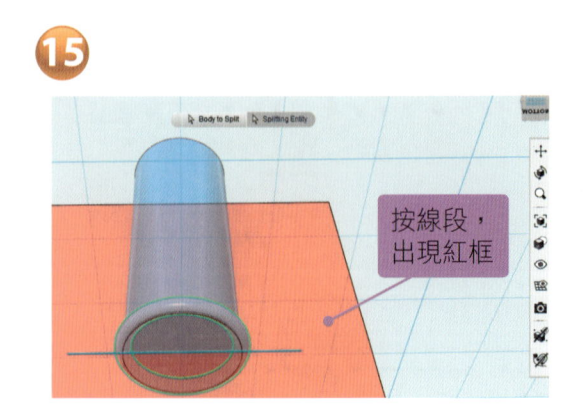

16 空心圓已切成兩半

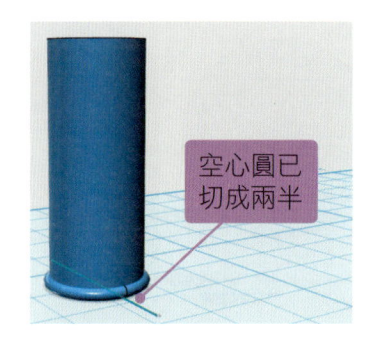

17 點選右半圓

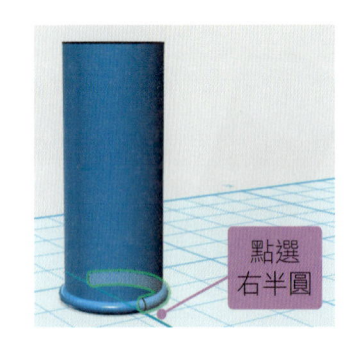

18 選取移動鍵

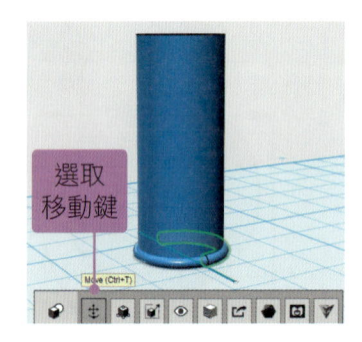

19 點選傾斜圓的小點，旋轉角度 6

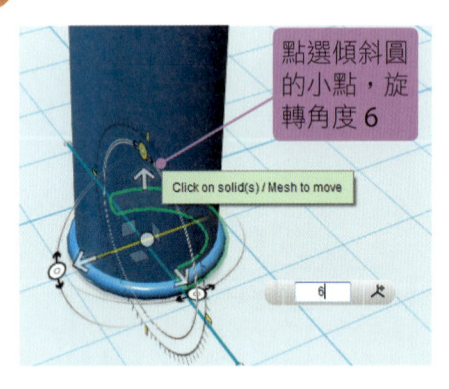

20 點選另一半圓，傾斜的小點，旋轉角度 -6

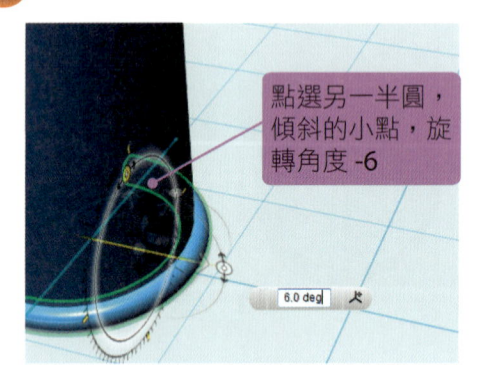

21 兩半圓一個向上 6 度，一個向下 6 度

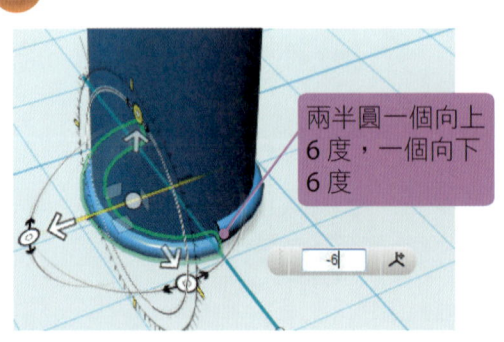

22 按住 shift 選取兩半圓 ctrl+c

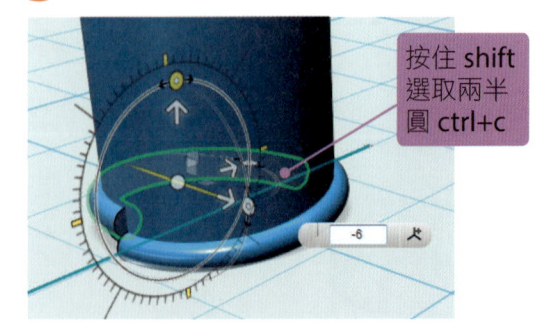

17. 螺絲與螺帽

23 ctrl+v 貼上，間隔 -10

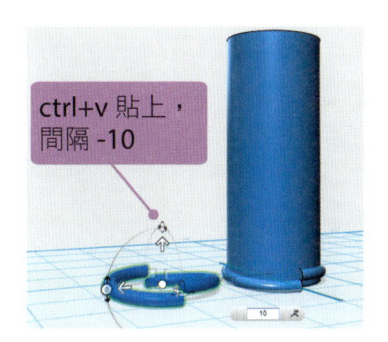

24 總共複製 12 個

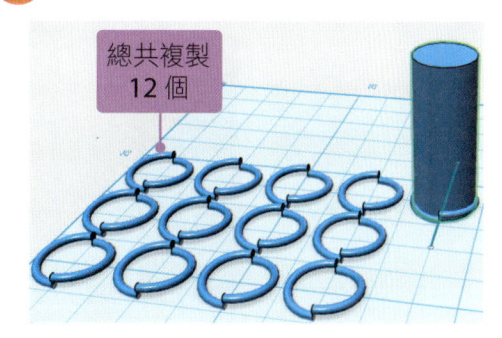

25 先按粘貼鈕

26 再點選粘貼處

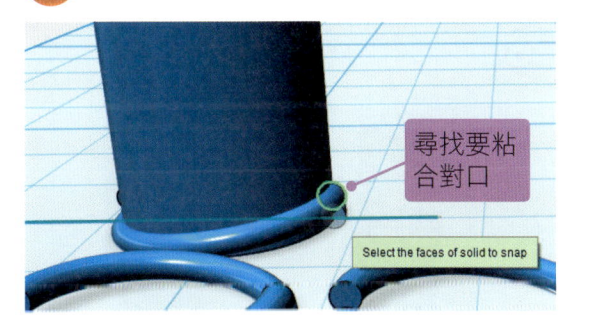

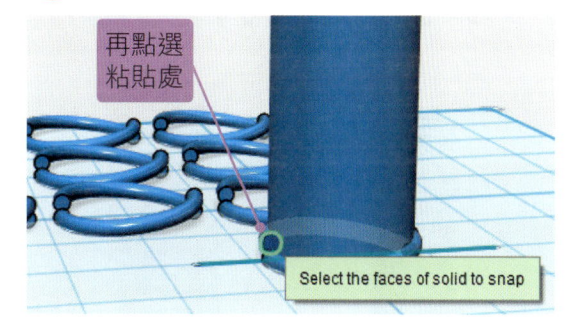

27 尋找要粘合對口

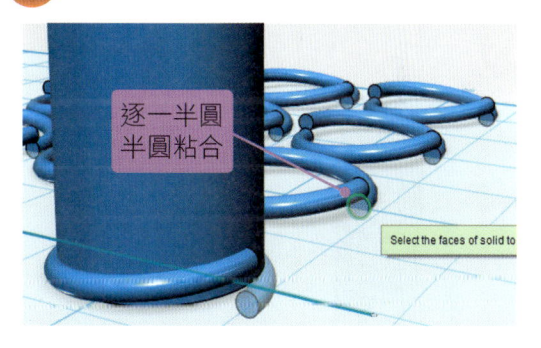

28 逐一半圓半圓粘合

29 粘完 11 個圓

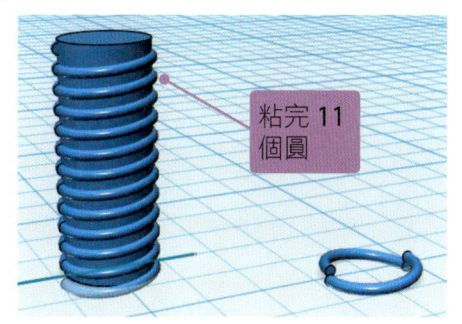

30 一個半圓粘在頂端

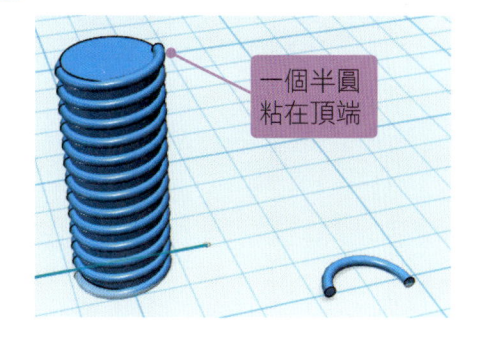

145

31 另一個半圓粘在底部

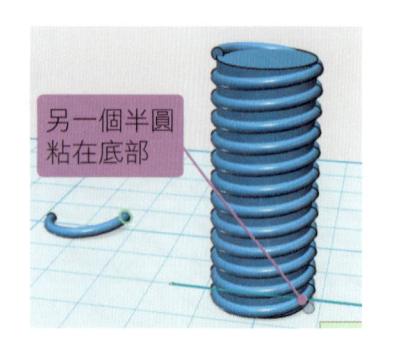

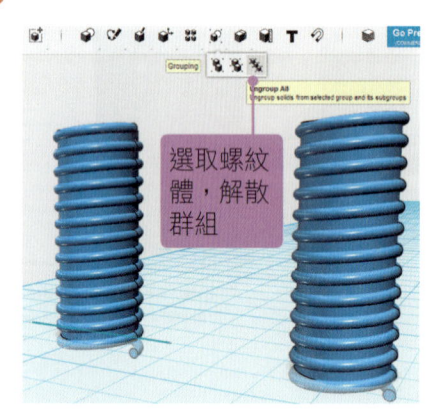

32 複製螺紋體 trl+c ctrl+v 距離 25

33 選取螺紋體，解散群組

34 將最底下二個半圓移出 – 去掉

35 選取比例尺

36 將螺紋體增為 1.09

146

17. 螺絲與螺帽

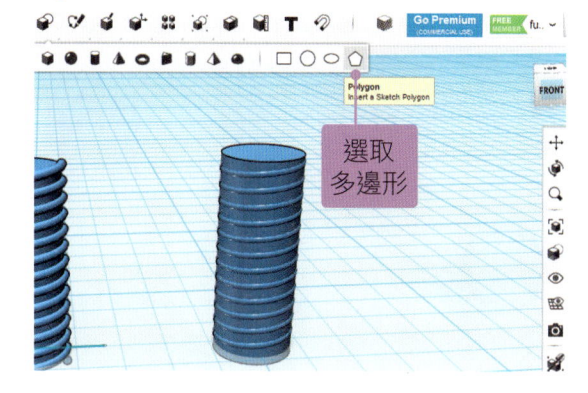

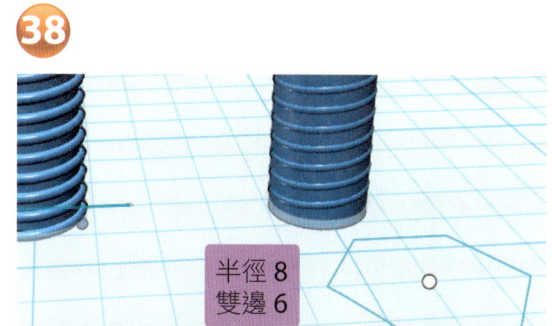

Chapter 4

37 選取多邊形

38 半徑 8 雙邊 6

39 選取增高

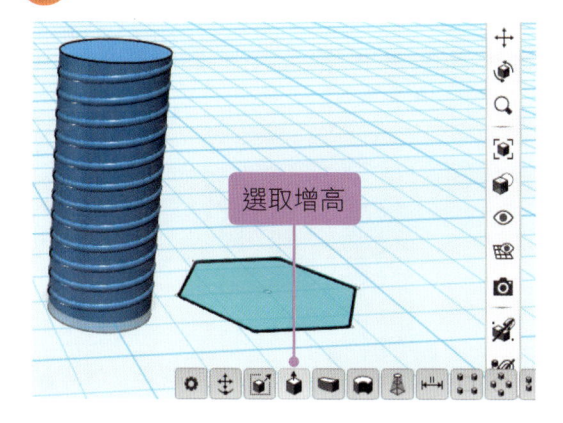

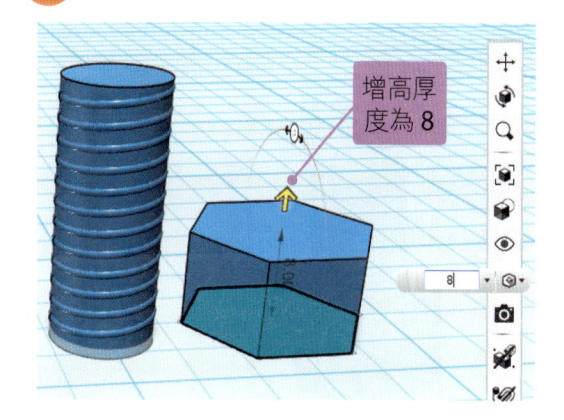

40 增高厚度為 8

41 選取螺紋與圓柱體群組

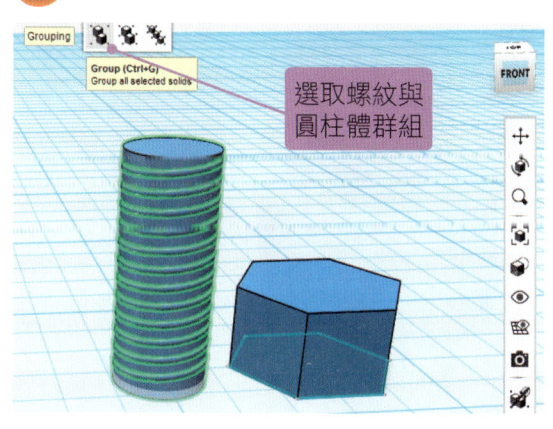

42 合併 - 按住 shift 選取要合併部分

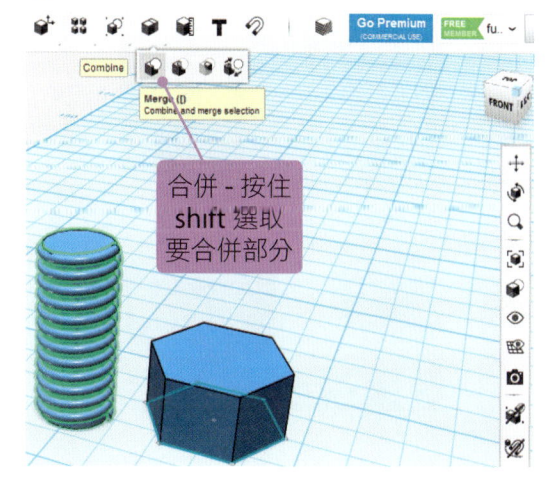

147

43 選取螺紋與圓柱體

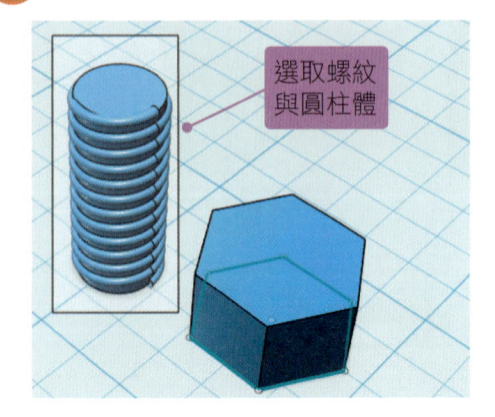

44 先按粘貼鈕　再點選圓柱體底部

45 選取六角柱頂部，螺紋體就粘貼一起

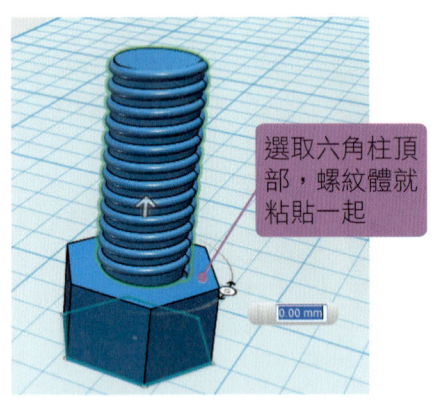

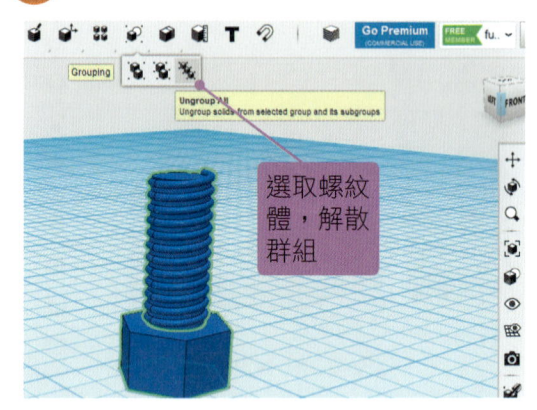

46 選取螺紋體，解散群組

47 選取移動鍵

48 將螺紋體往下拉至 -14

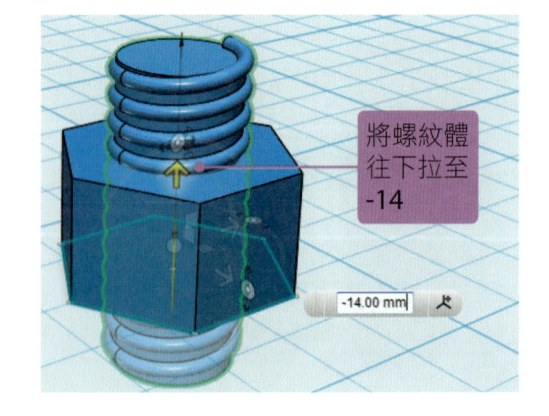

17. 螺絲與螺帽

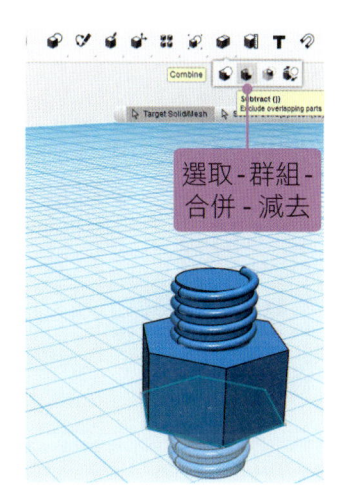

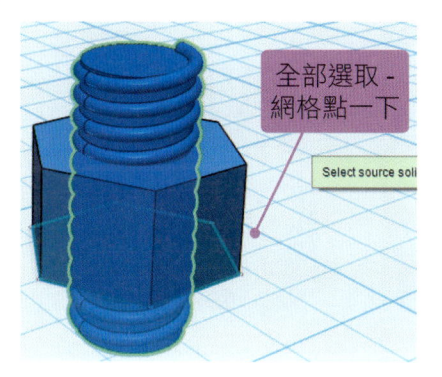

49 選取-群組-合併-減去

50 選取要保留的六角柱

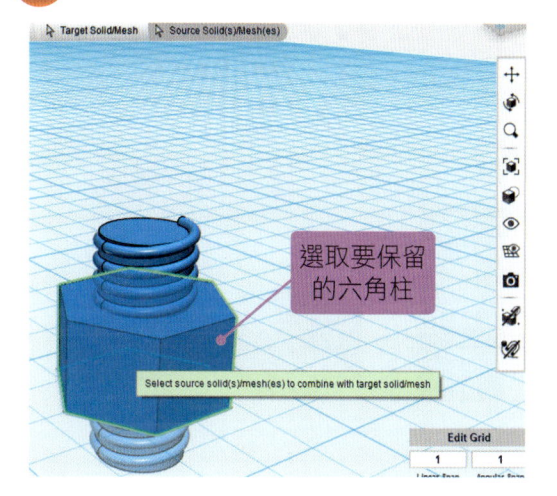

51 全部選取-網格點一下

52 螺紋體被減去,留下六角螺帽

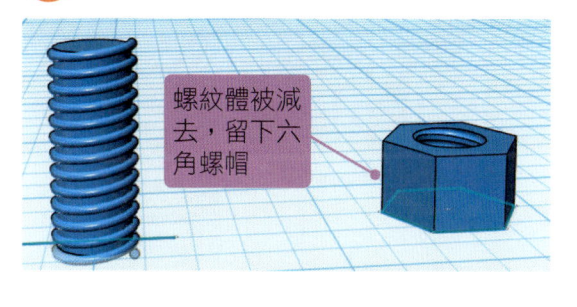

53 移開螺帽-選取六角形,長高 4

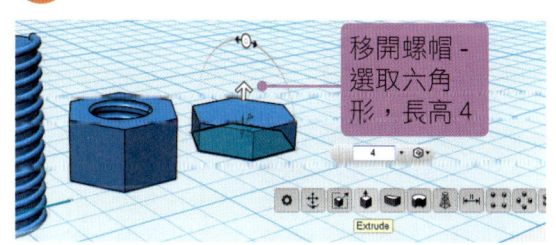

54 選取 群組 螺紋與柱體

149

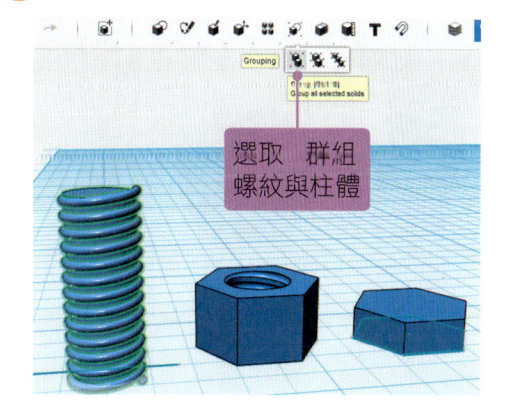

55 選取合併，要將螺紋與柱體合併

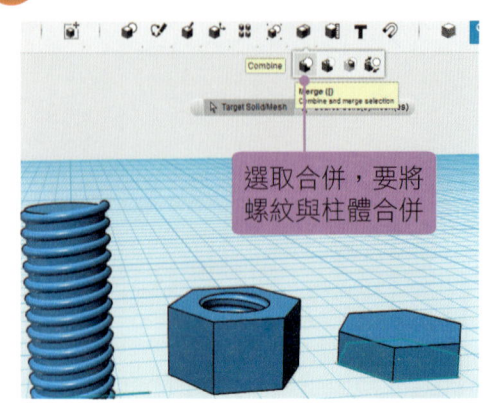

56 選取柱體與每一個半圓

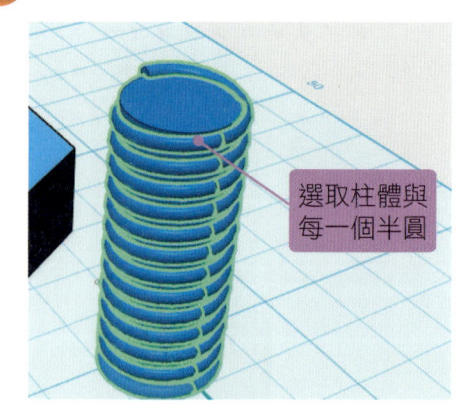

57 全部選取

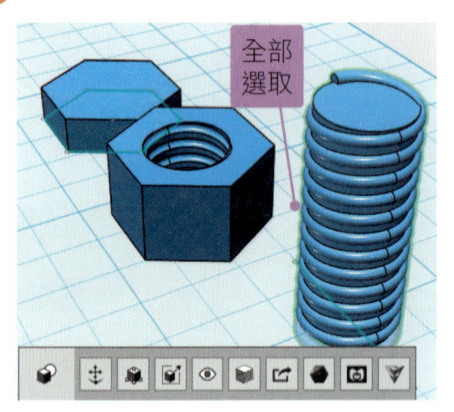

58 先按粘貼鈕 / 再按六角柱底部

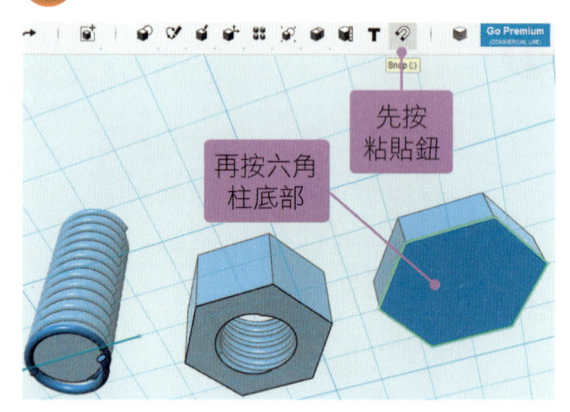

59 選取螺紋體頂部 - 六角柱即貼上

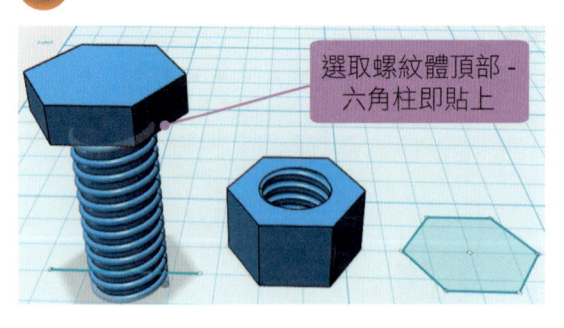

60 選取 - 群組 - 合併 - 選取

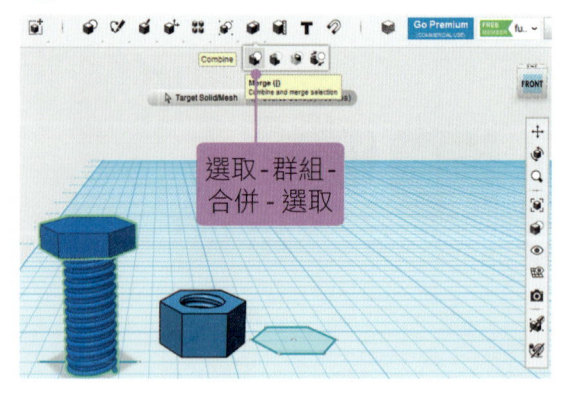

17. 螺絲與螺帽

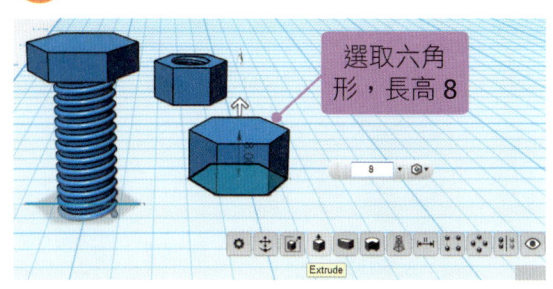

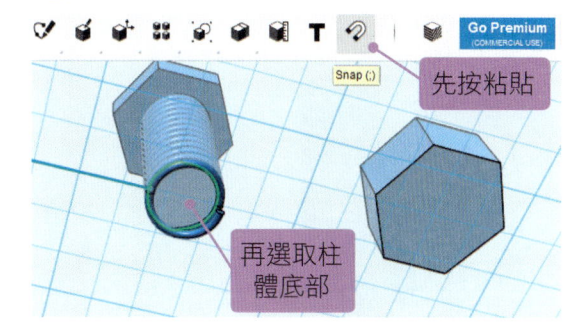

61 選取六角形，長高 8

62 先按粘貼
再選取柱體底部

63 選取六角柱頂部 - 螺紋體即貼上

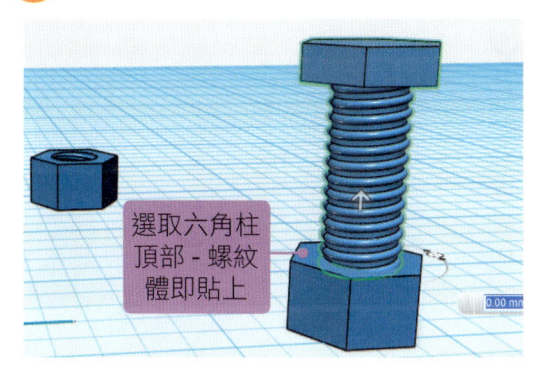

64 全部選取 - 群組

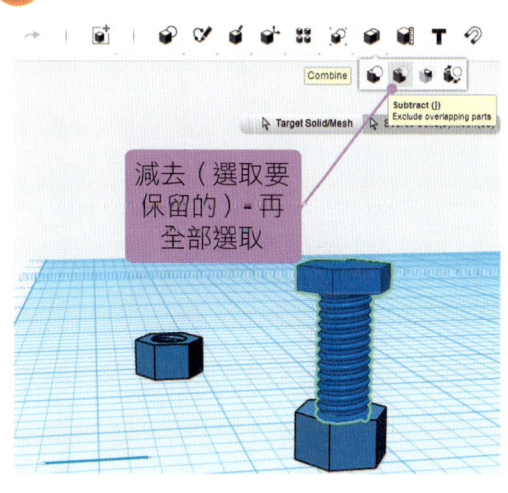

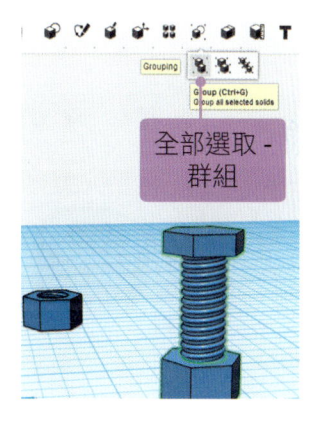

65 減去（選取要保留的）- 再全部選取

66 六角柱已被減

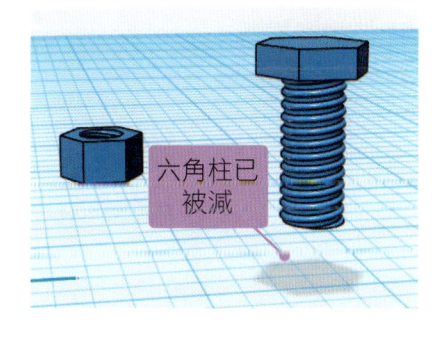

151

67 選取移動鍵 - 旋轉 180°

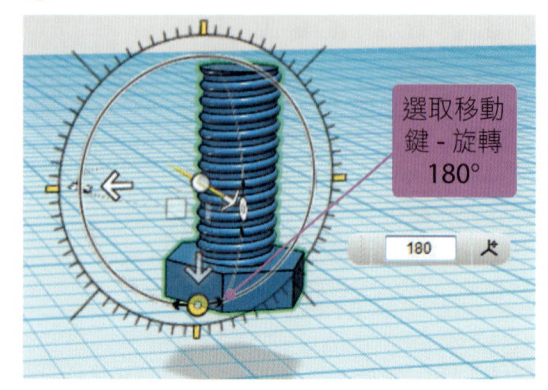

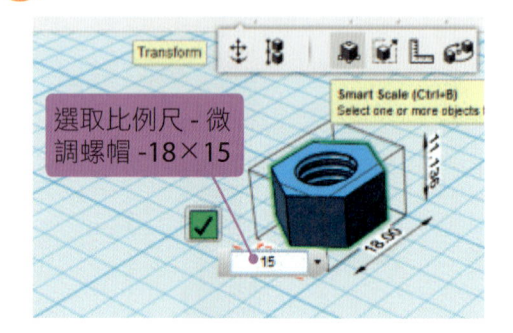

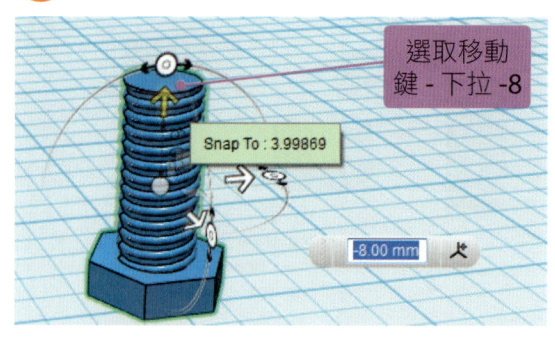

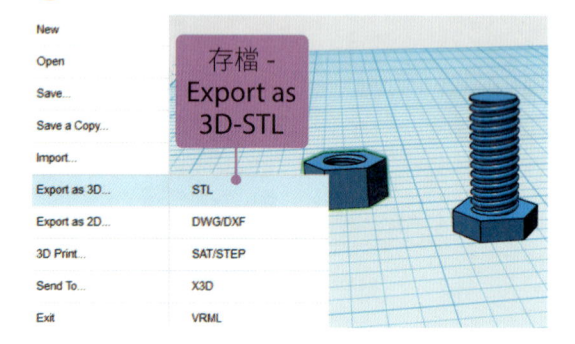

68 選取移動鍵 - 下拉 -8

69 選取比例尺 - 微調螺帽 -18×15

70 存檔 - Export as 3D-STL

71

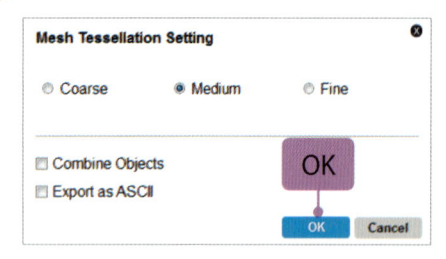

17. 螺絲與螺帽

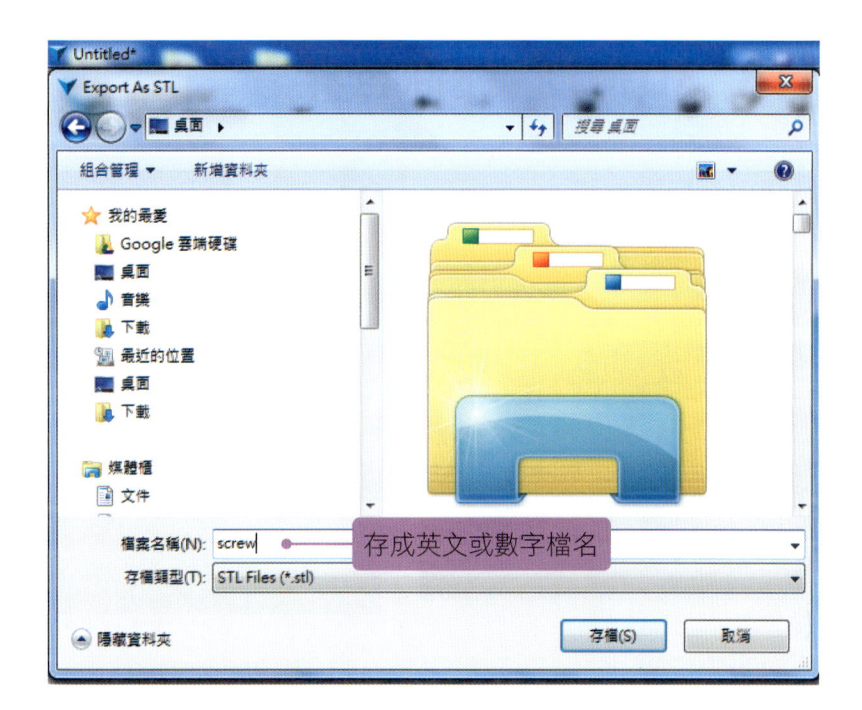

72

存成英文或數字檔名

🔷 **轉檔軟體操作：請參考前面4-10節山盟海誓的戒指之範例**

🔷 **3D列印步驟：請參考前面4-1節專屬吊牌之範例**

4-18 3D掃描 - 迷你世界 （Sense Objects）

01 打開電腦桌面掃描軟體

02 選擇掃描物件所需尺寸大小-下一步

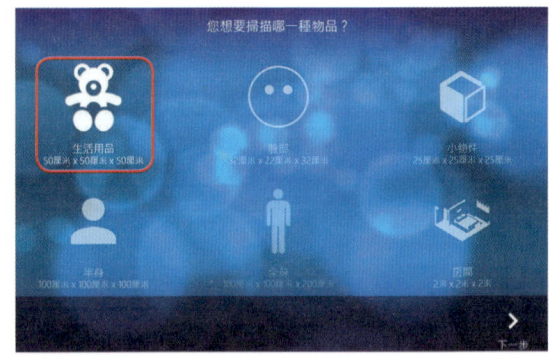

03 電腦讀取設定

04 開始啟動鏡頭

05 在轉盤上放上校正板，調整掃描器與轉盤距離，直到XYZ軸，穩定不跳動，為最佳掃描狀態

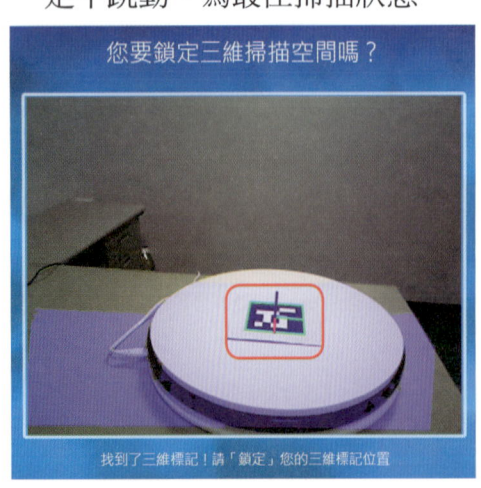

06 放上掃描物件後，鎖定XYZ標記位置

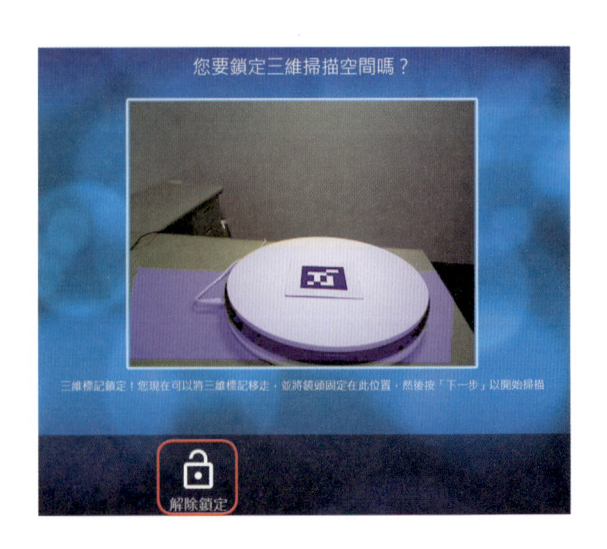

18.3D 掃描 - 迷你世界

07 三維標記鎖定後，移走校正，按下一步

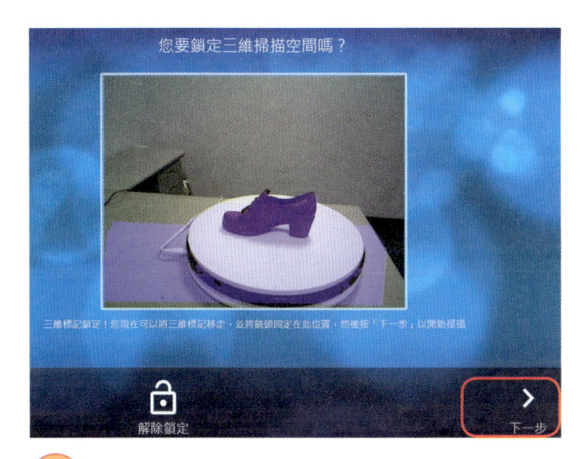

08 將掃描物件放在中央，會在黃色標號附近，再將校正板移開。接著打開轉盤開關，然後按開始掃描

09 開始掃描，即可看見影像呈現在掃描空間

10 旋轉一圈後，物件影像完整呈現，按下完成掃描

11 完成掃描後，按建立完整模型，具自動補圖功能

12 按下自動旋轉，物件會360°旋轉，查看掃描成果，若不滿意可按下重新掃描。

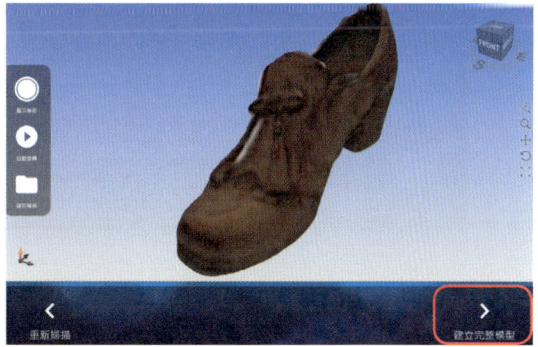

13 顯示模型的方式按下呈現無色彩

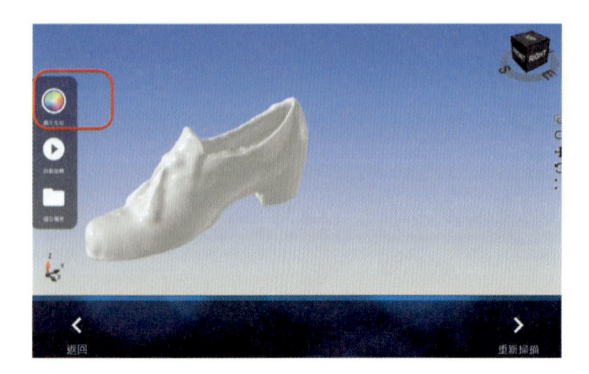

14 觀察物件各方面沒有問題後，按下停止旋轉

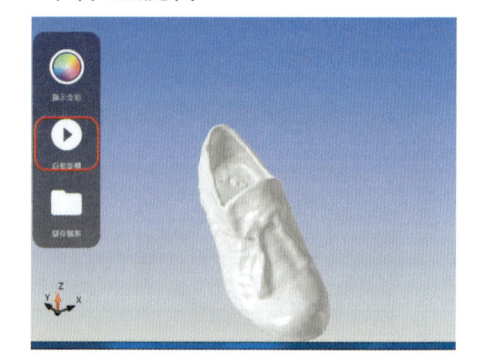

15 按下顯示全彩，即回復正常影像

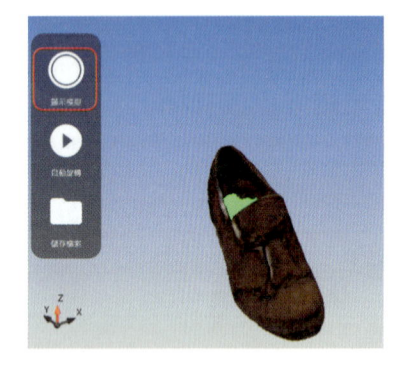

16 檔案-儲存新檔-存成PLY檔

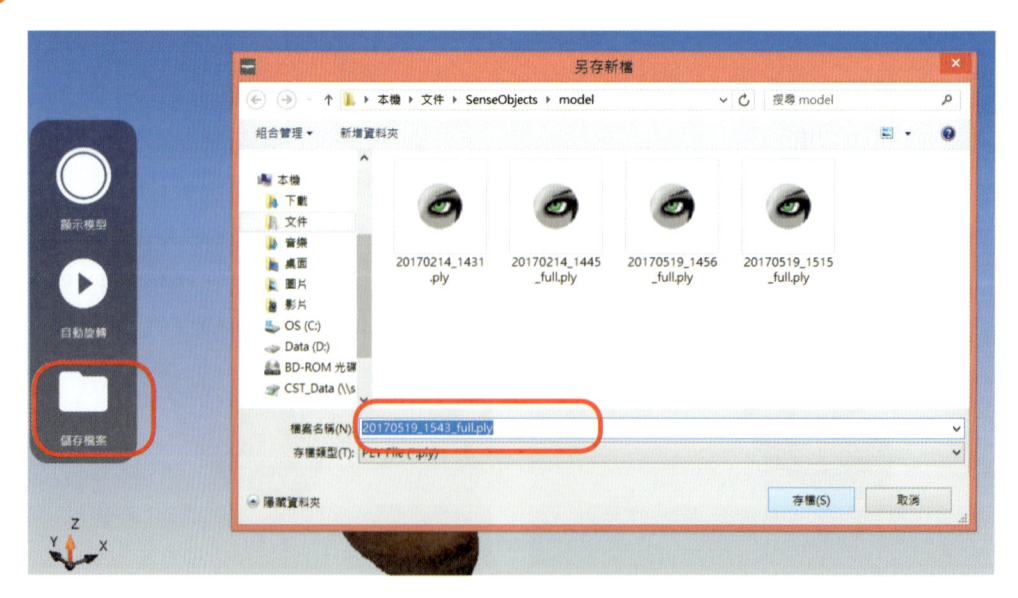

18.3D 掃描 - 迷你世界

17 打開桌面上MeshLab立體網狀處理軟體

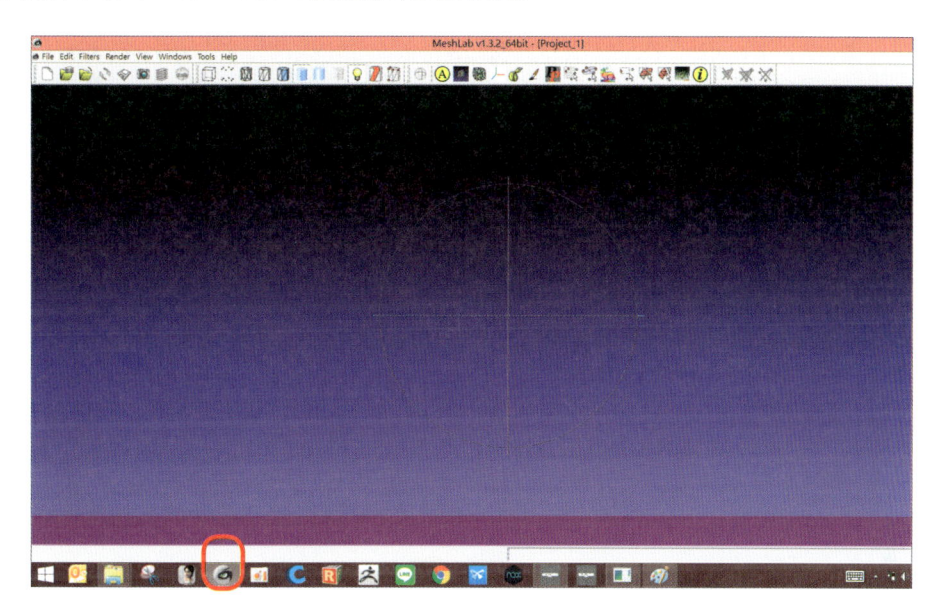

18 file-Import Mesh...將存在文件-SenseObjects-mode-以時間序存的檔開啟

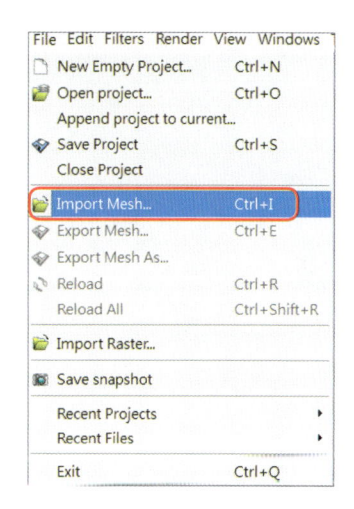

⑲ 本機-文件-SenseObjects-model-選取當天時間序建的.ply檔

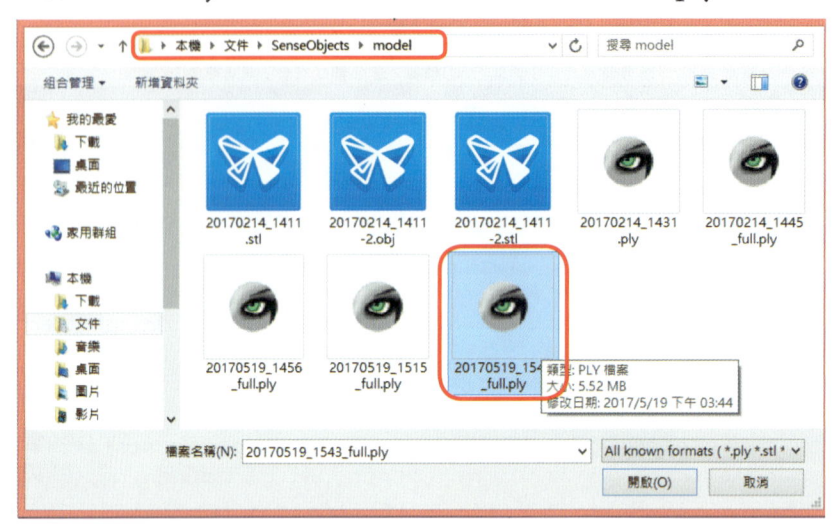

⑳ 選取XYZ軸可以觀察360°各角度

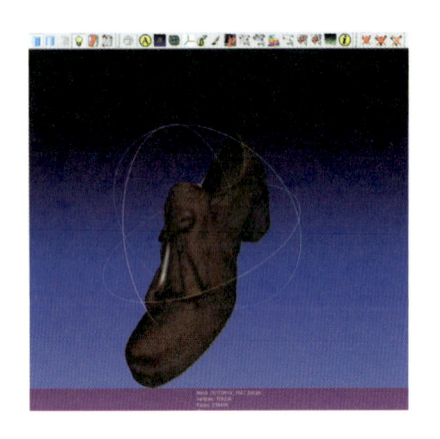

㉑ 觀察360°各角度，若沒要修改部分，即可存檔

㉒ 存檔-file-Export Mesh As

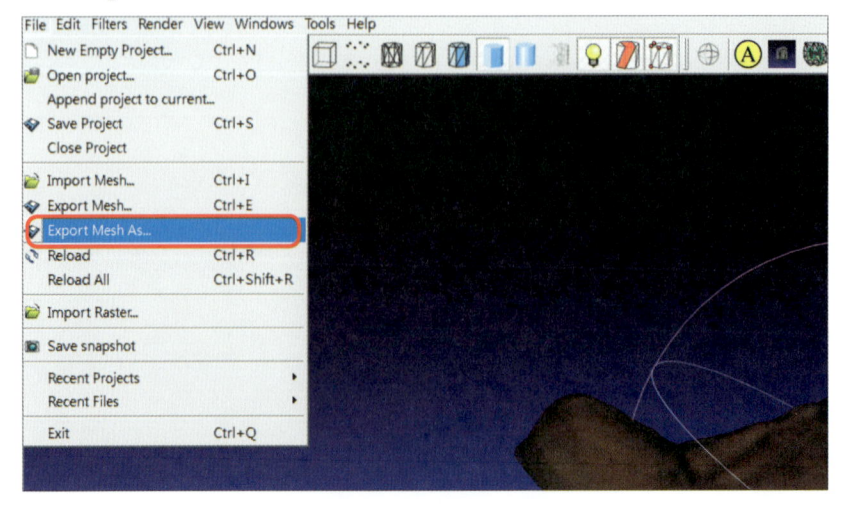

18. 3D掃描 - 迷你世界

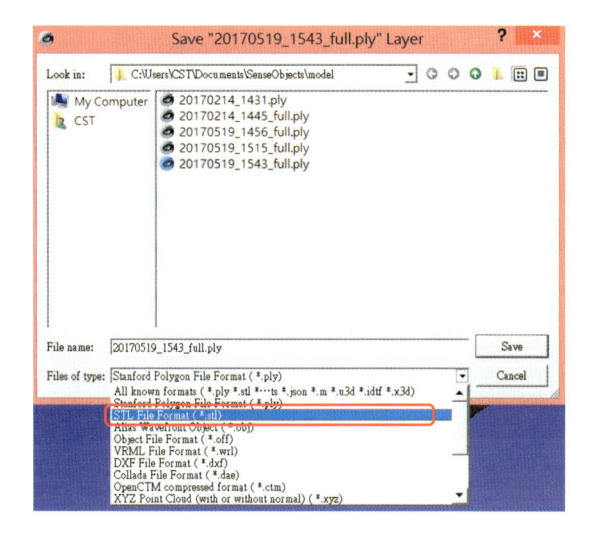

23 存成.STL檔

24 將 Binary encoding、選取OK-即完成

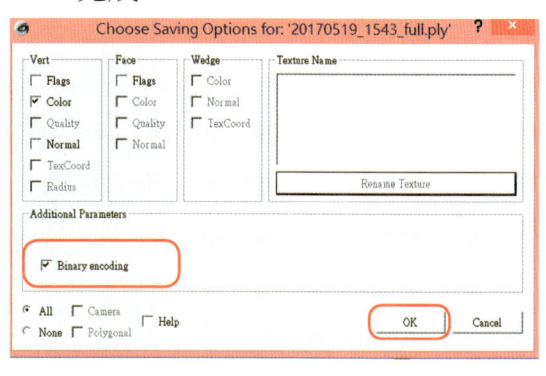

25 打開Cura-開啟舊檔-匯入圖檔

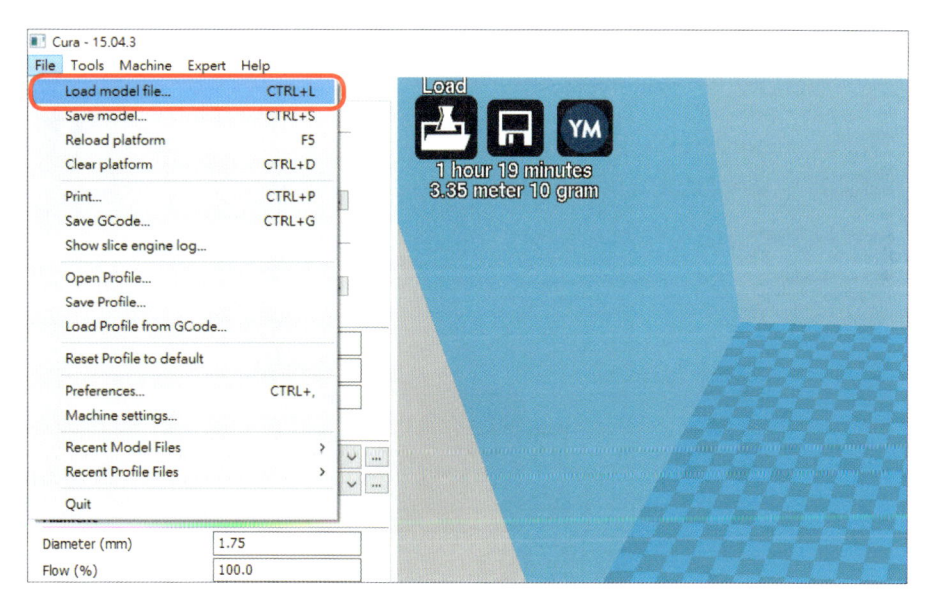

26 檔案過大超出網格-形成灰色

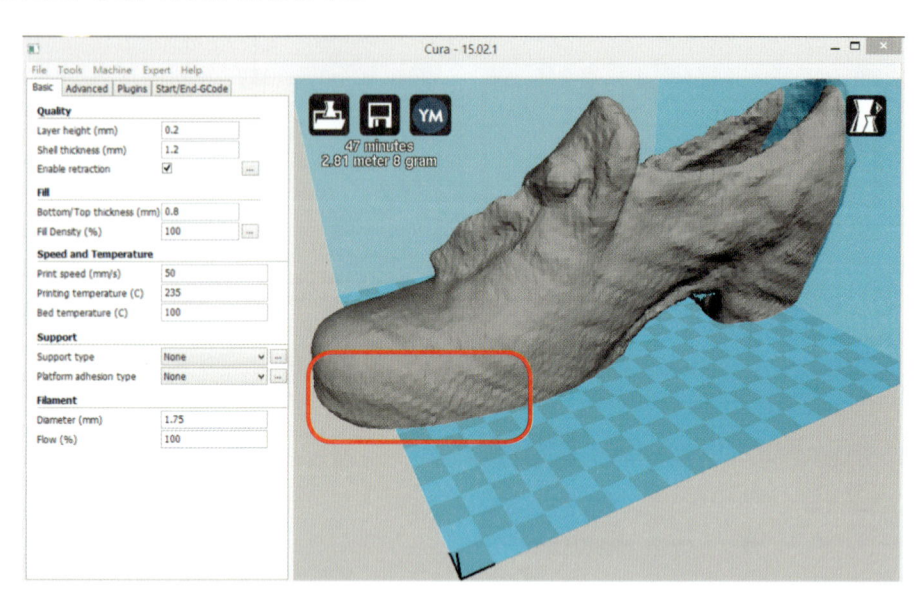

27 選取比例圖示-縮小尺寸

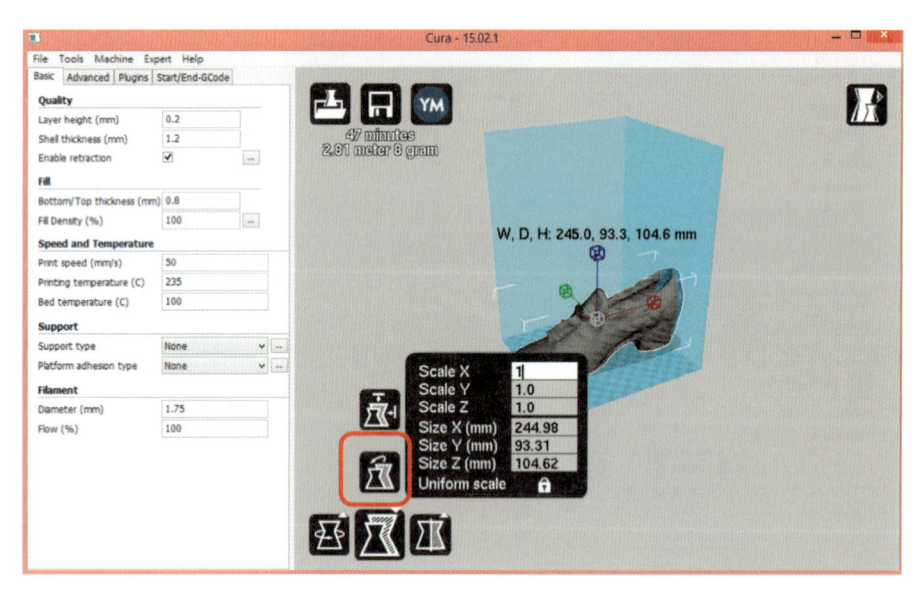

18.3D掃描-迷你世界

28 縮小尺寸-呈現金黃色即可印列

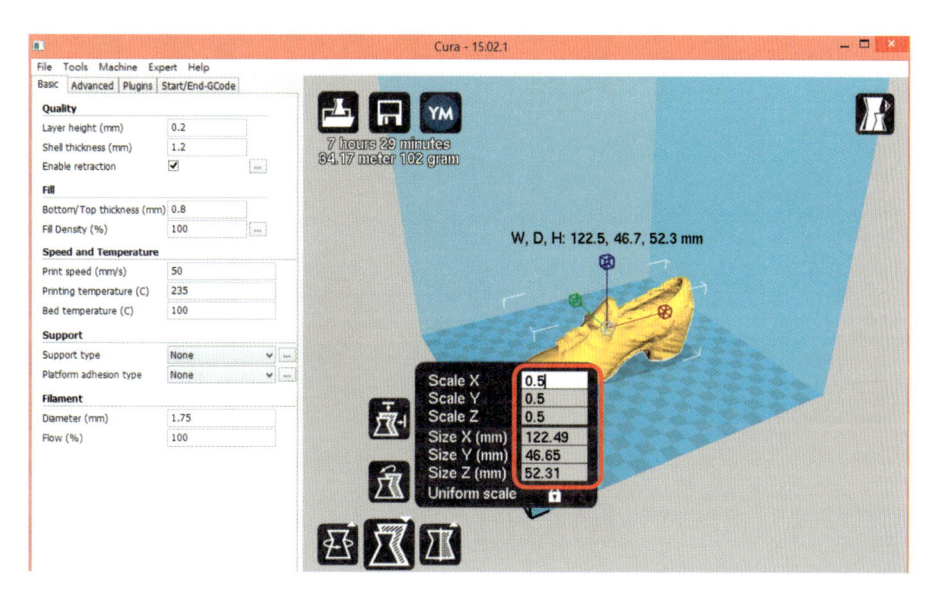

29 右上圖示-選取Layers

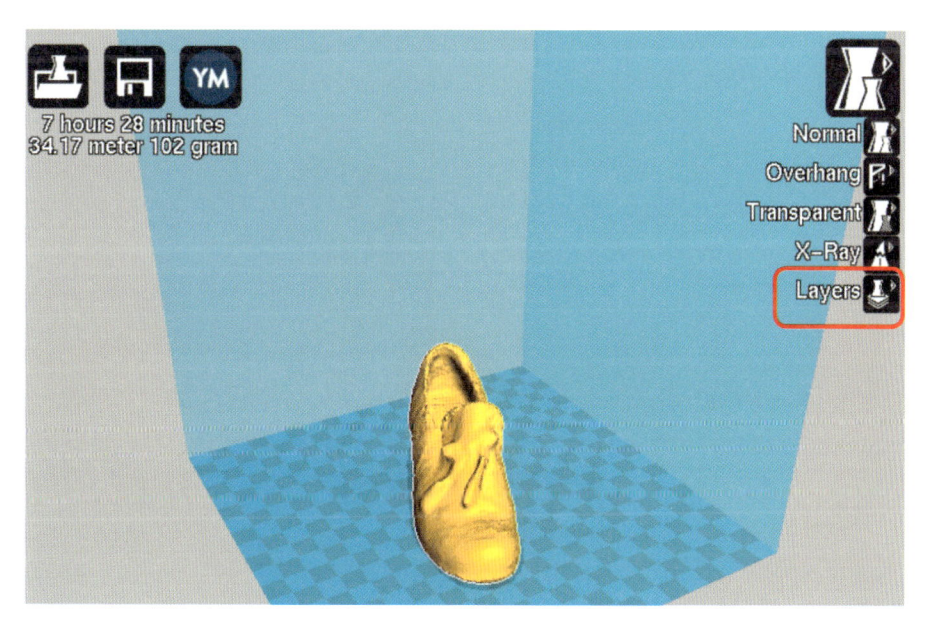

30 可見列印堆疊過程

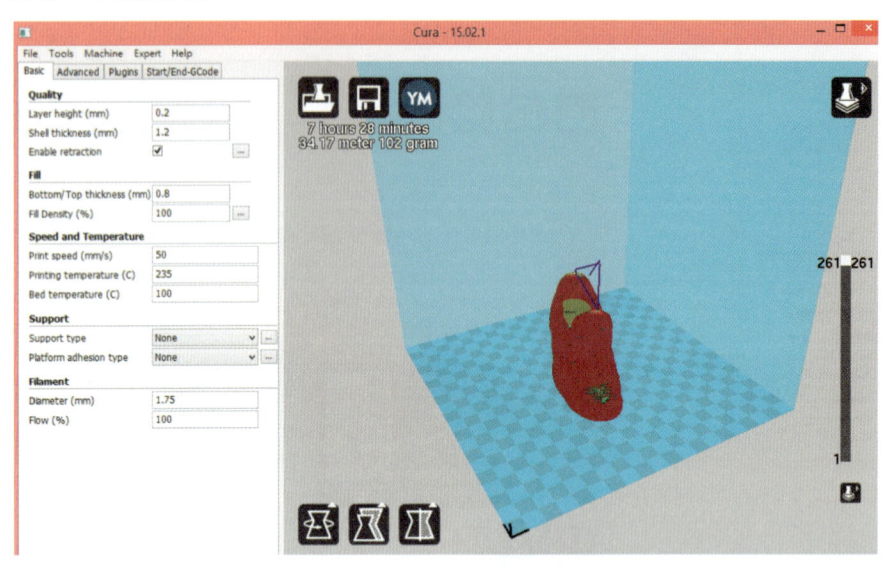

31 按Normal-才可存檔

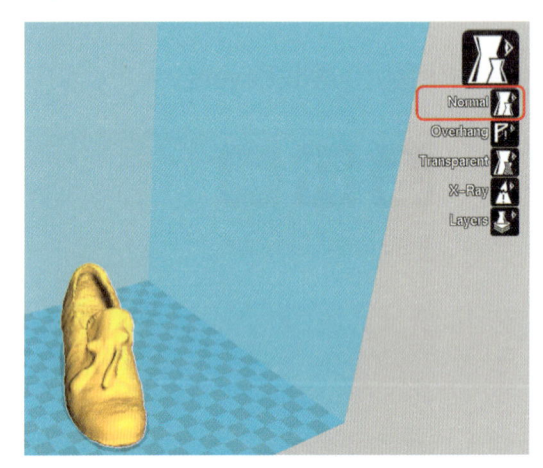

32 存檔-File-Save GCode

18.3D掃描-迷你世界

33 存檔-英文或數字檔名

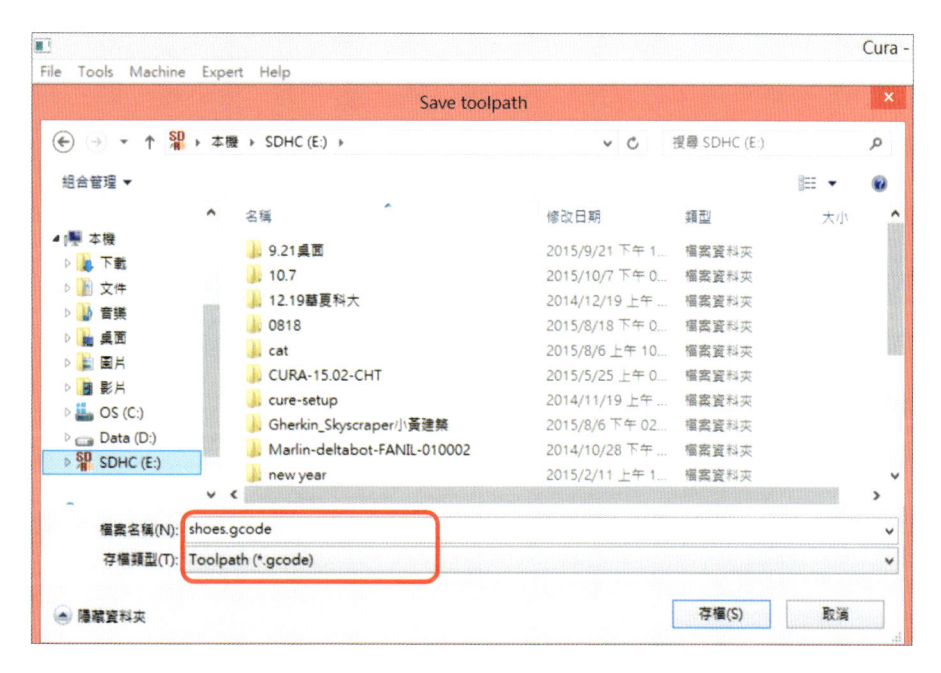

🟦 列印物件

(1) 將轉檔完成的SD卡取出，放入3D列表機SD卡槽。

(2) ＜讀取SD卡-選取檔案＞MENU-Print from SD.-（name.gcode)英文或數字檔名。

(3) 將口紅膠均勻塗在玻璃上（PLA-三層、 ABS-四層）。

(4) 3D列表機開始列印。

Chapter 4 實作題

題目名稱▶ 專屬吊牌

題目說明：請繪製出「專屬吊牌」並列印出成品。

題目編號：D001012

實作時間 **40** mins

創客學習力

外形	機構	電控	程式	通訊	人工智慧	創客總數
4	1	0	0	0	0	5

綜合素養力

空間力	堅毅力	邏輯力	創造力	整合力	團隊力	素養總數
4	1	0	2	1	1	9

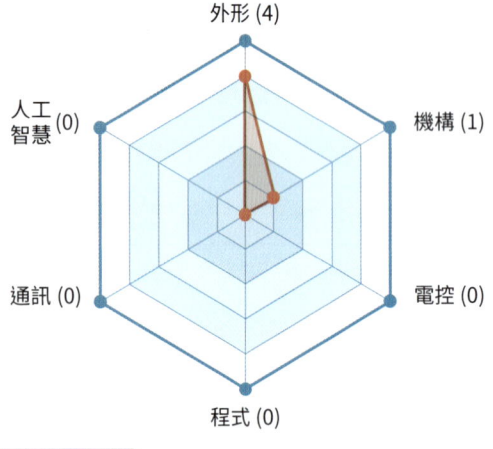

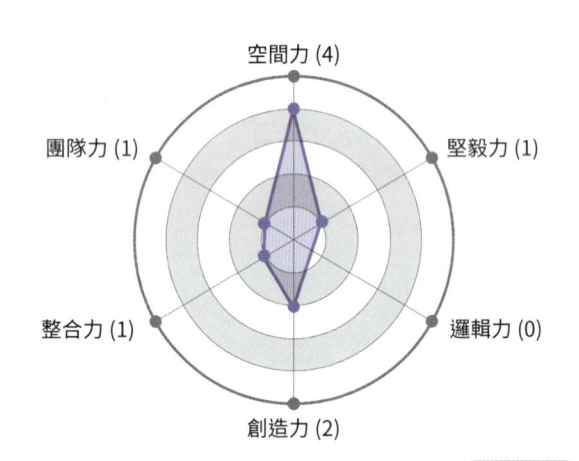

題目名稱▶ 有feel的書籤

題目說明：請繪製出「創意書籤」並列印出成品。

題目編號：D001013

實作時間 **40** mins

創客學習力

外形	機構	電控	程式	通訊	人工智慧	創客總數
4	1	0	0	0	0	5

綜合素養力

空間力	堅毅力	邏輯力	創造力	整合力	團隊力	素養總數
4	1	0	2	1	1	9

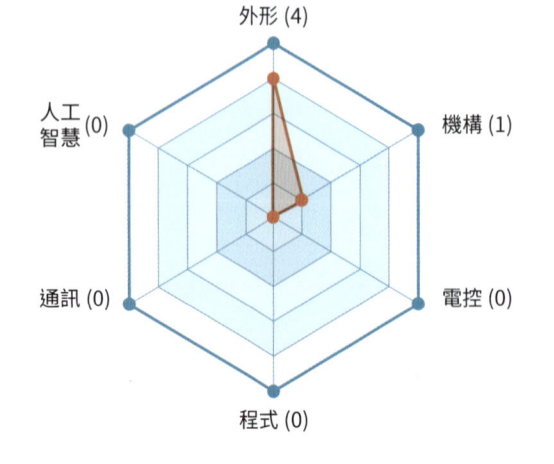

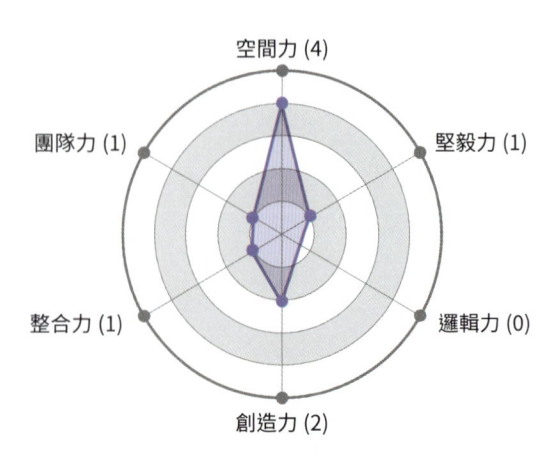

Chapter 4 實作題

題目名稱 ▶ 動物拼圖

題目說明：請繪製出「動物拼圖」並列印出成品。

題目編號：D001014

實作時間 **40** mins

創客學習力

外形	機構	電控	程式	通訊	人工智慧	創客總數
4	1	0	0	0	0	5

綜合素養力

空間力	堅毅力	邏輯力	創造力	整合力	團隊力	素養總數
4	1	0	2	1	1	9

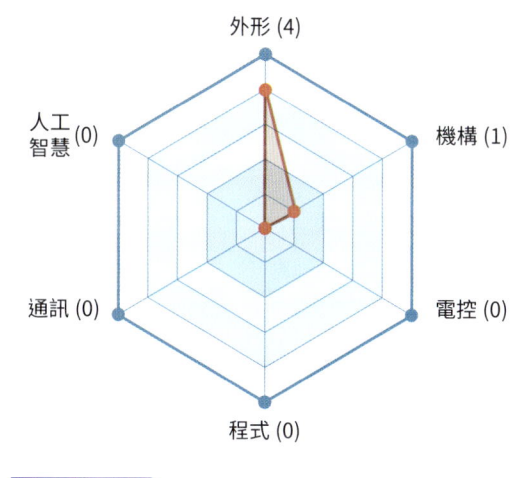

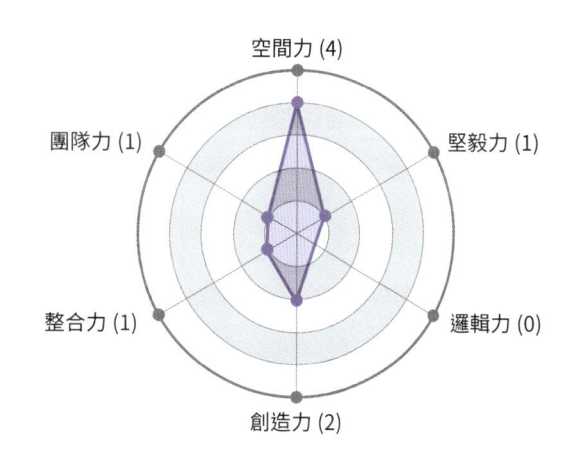

題目名稱 ▶ 應景3D卡片

題目說明：請繪製出「應景 3D 卡片」並列印出成品。

題目編號：D001015

實作時間 **60** mins

創客學習力

外形	機構	電控	程式	通訊	人工智慧	創客總數
4	1	0	0	0	0	5

綜合素養力

空間力	堅毅力	邏輯力	創造力	整合力	團隊力	素養總數
4	1	0	2	1	1	9

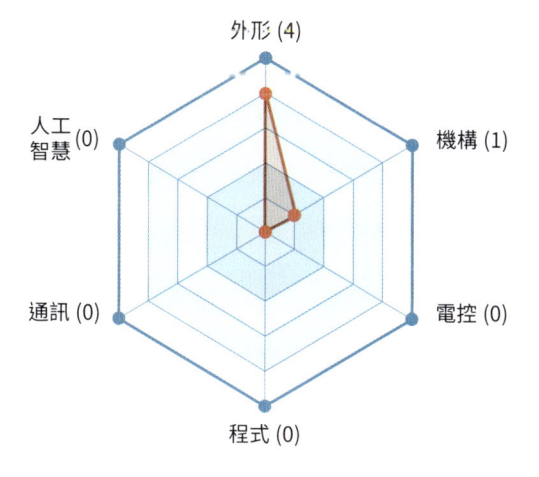

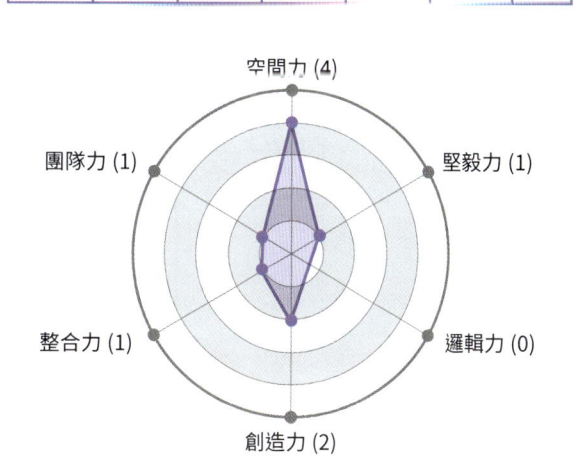

畫出璀璨・列印夢想－從 3D 列印輕鬆動手玩創意

題目名稱 玩印章

題目說明：請繪製出「專屬印章」並列印出成品。

題目編號：D001016

實作時間 **60** mins

創客學習力

外形	機構	電控	程式	通訊	人工智慧	創客總數
4	1	0	0	0	0	5

綜合素養力

空間力	堅毅力	邏輯力	創造力	整合力	團隊力	素養總數
4	1	0	2	1	1	9

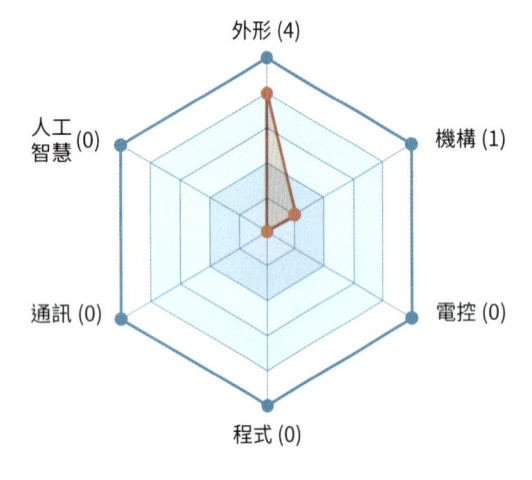

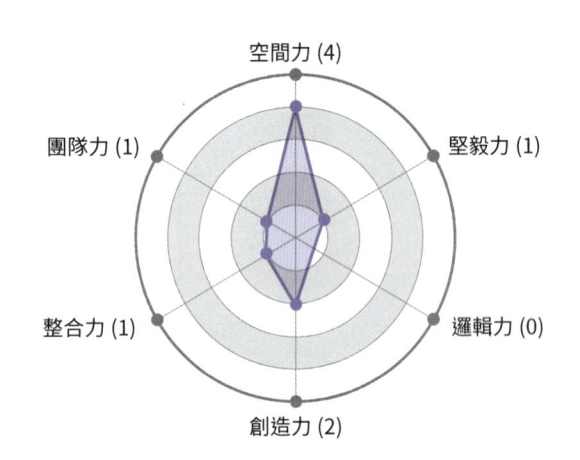

題目名稱 客製化置物盒

題目說明：請繪製出「客製化置物盒」並列印出成品。

題目編號：D001017

實作時間 **80** mins

創客學習力

外形	機構	電控	程式	通訊	人工智慧	創客總數
4	1	0	0	0	0	5

綜合素養力

空間力	堅毅力	邏輯力	創造力	整合力	團隊力	素養總數
4	1	0	2	1	1	9

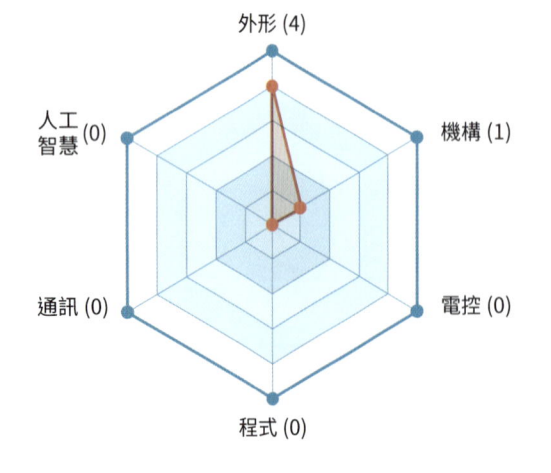

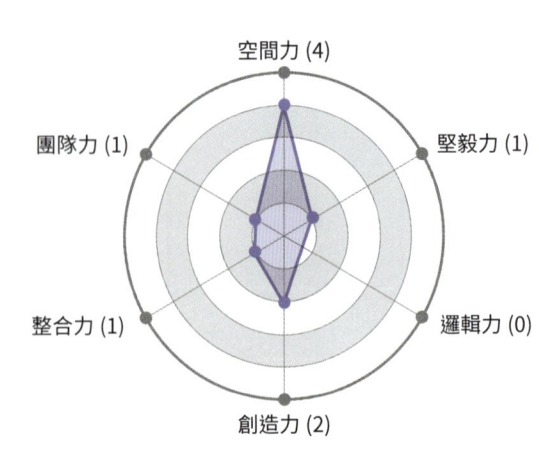

題目名稱 獨特存錢筒

題目說明：請繪製出「獨特存錢筒」並列印出成品。

題目編號：D001018

實作時間 **80** mins

創客學習力

外形	機構	電控	程式	通訊	人工智慧	創客總數
4	1	0	0	0	0	5

綜合素養力

空間力	堅毅力	邏輯力	創造力	整合力	團隊力	素養總數
4	1	0	2	1	1	9

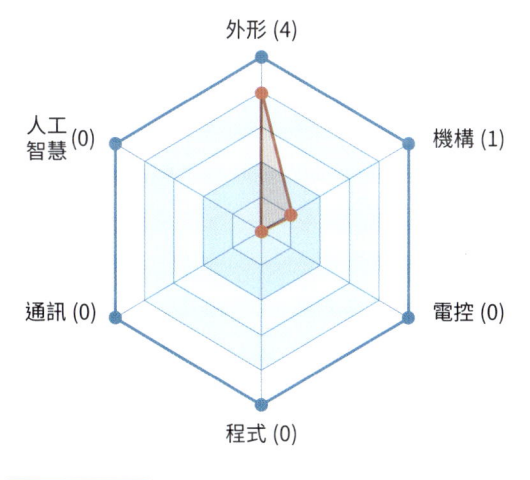

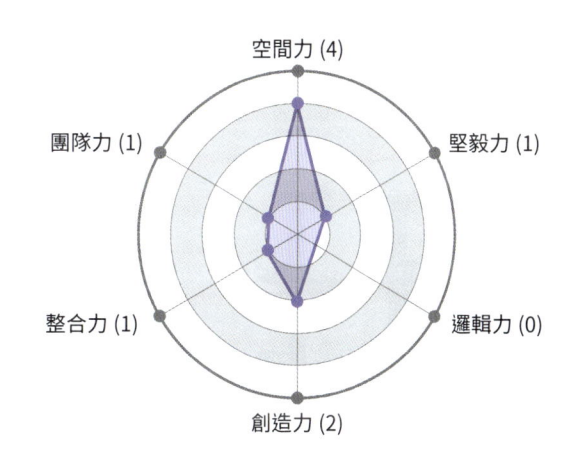

題目名稱 3D掃描

題目說明：請繪製出「3D 掃描」並列印出成品。

題目編號：D001019

實作時間 **40** mins

創客學習力

外形	機構	電控	程式	通訊	人工智慧	創客總數
2	1	0	0	0	0	3

綜合素養力

空間力	堅毅力	邏輯力	創造力	整合力	團隊力	素養總數
2	1	0	1	1	1	6

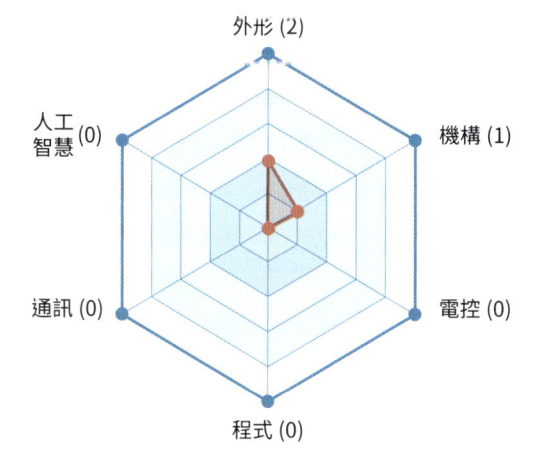

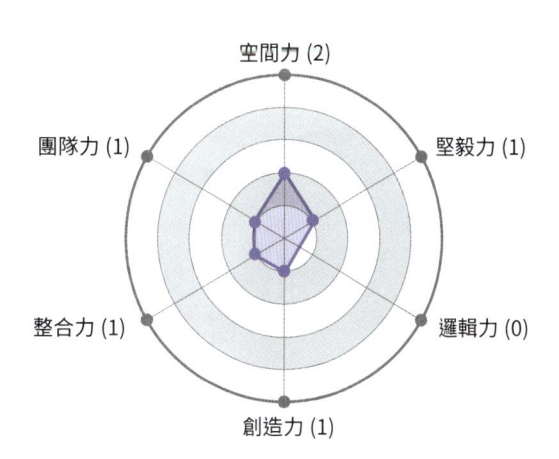

產品名稱／規格／特色	搭配書籍教材

CR-10 Smart DIY 大成型 3D 印表機

影片介紹

產品編號：6001010
建議售價：$18,500

- FDM 熔融堆積成型，單噴頭單色、遠端送料。
- 列印尺寸 30×30×40 cm。
- 使用靜音主板，具備自動調平，wifi 無線傳輸。
- 使用黑晶玻璃列印平台。
- 一體式主機，具液晶螢幕。
- 智慧斷料檢測和斷電續打功能。
- 雙 Z 軸龍門結構，列印更穩固。

書號：PN059
建議售價：$350

CR-6SE DIY 大成型 3D 印表機

產品編號：6001051
建議售價：$15,500

- 具備雙 Z 軸及自動調平系統。
- FDM 熔融堆積成型，單噴頭單色、遠端送料。
- 列印尺寸 235x235x250mm
- 使用靜音主板、模組化噴嘴套件。
- 使用黑晶玻璃列印平臺。
- 一體式主機，具液晶螢幕。
- 智慧斷料檢測和斷電續打功能。

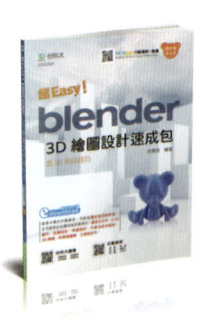

書號：GB02301
建議售價：$380

CR-30 無限 Z 軸 3D 列印機

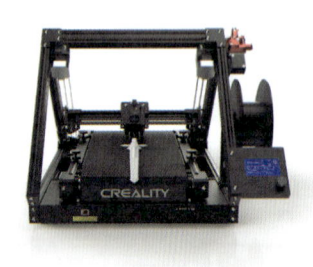

產品編號：6001061
建議售價：$42,900

- 無限 Z 軸搭配輸送帶結構：可以實現連續列印批量的模型，還能進行一個無限長模型的列印。
- FDM 熔融堆積成型，單噴頭單色、遠端送料。
- 列印尺寸：20 ×17 × 無限 Z cm。
- 一體式主機，具液晶螢幕。
- 使用靜音主板、雙齒輪金屬擠出機構。
- 智慧斷料檢測和斷電續打功能。

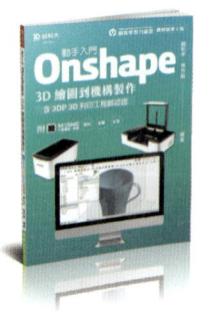

書號：PB12801
建議售價：$380

全彩 3D 印表機 (PartPro200 xTCS)

產品編號：4011402
建議售價：$ 98,000

- 全彩 3D 列印技術：耗材為透明無色 PLA，並使用 CMYK 色墨水噴墨上色。
- 內建的 3D 掃描模組，可簡化建模流程，編輯後並直接全彩印出。
- 全彩列印尺寸 18.5×18.5×15 cm、掃描尺寸 14×14×14 cm。
- 可選配雷射雕刻頭，雕刻尺寸 20 cm×20 cm。

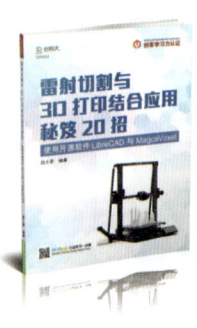

書號：PN043
近期出版

勁園科教　www.jyic.net

諮詢專線：02-2908-5945 或洽轄區業務
歡迎辦理師資研習課程

書　　　名	畫出璀璨、列印夢想 從3D列印輕鬆動手玩創意 使用Tinkercad、123D Design、Paint.NET繪圖軟體	
書　　　號	PN059	
版　　　次	2017年12月初版 2022年08月二版	國家圖書館出版品預行編目資料 畫出璀璨、列印夢想：從3D列印輕鬆動手玩創意：使用Tinkercad、123D Design、Paint.NET繪圖軟體 / 郭永志・張夫美・黃昱睿・黃秋錦 -- 二版. -- 新北市：台科大圖書, 2022.08 面；　公分 ISBN 978-986-523-509-3（平裝） 1.CST: 印刷術 477.7　　　　　　　　111012083
編 著 者	郭永志・張夫美・黃昱睿・黃秋錦	
責 任 編 輯	雨晴文化 游淇文	
校 對 次 數	6次	
版 面 構 成	顏彣倩	
封 面 設 計	楊蕙慈	

出 版 者	台科大圖書股份有限公司
門 市 地 址	24257新北市新莊區中正路649-8號8樓
電　　　話	02-2908-0313
傳　　　真	02-2908-0112
網　　　址	tkdbooks.com
電 子 郵 件	service@jyic.net
版 權 宣 告	**有著作權　侵害必究** 本書受著作權法保護。未經本公司事前書面授權，不得以任何方式（包括儲存於資料庫或任何存取系統內）作全部或局部之翻印、仿製或轉載。 書內圖片、資料的來源已盡查明之責，若有疏漏致著作權遭侵犯，我們在此致歉，並請有關人士致函本公司，我們將作出適當的修訂和安排。
郵 購 帳 號	19133960
戶　　　名	台科人圖書股份有限公司
	※郵撥訂購未滿1500元者，請付郵資，本島地區100元 / 外島地區200元
客 服 專 線	0800-000-599
網 路 購 書	PChome商店街　JY國際學院 博客來網路書店　台科大圖書專區
各 服 務 中 心	總　　公　　司　02-2908-5945　　台中服務中心　04-2263-5882 台北服務中心　02-2908-5945　　高雄服務中心　07-555-7947
	線上讀者回函 歡迎給予鼓勵及建議 tkdbooks.com/PN059